汉竹编著·亲亲乐读系列

宝宝辅食
跟我做

袁宝妈妈／主编

江苏凤凰科学技术出版社
全国百佳图书出版单位
·南京·

编辑导读

"宝宝第一口辅食吃什么？"

"什么辅食能让宝宝长得壮？"

"宝宝辅食可以有很多选择吗？"

"为宝宝做辅食会不会很麻烦？"

"不会做饭，也能做好宝宝辅食吗？"

……

为宝宝添加辅食是给日渐长大的宝宝补充营养的必要途径，也是宝宝向正常饮食过渡的重要过程。添加辅食时，还要保证辅食的营养均衡、完善，这对保证宝宝健康成长很重要。

也许，妈妈还不清楚宝宝的辅食应该吃什么、怎么吃。不用担心，本书为妈妈盘点了给宝宝添加辅食过程中的喂养重点，还详细介绍了辅食添加的顺序、规律，并且根据宝宝的不同月龄、年龄，给出适合宝宝的辅食菜谱，让宝宝能够更快、更好地接受、适应辅食。

辅食的科学添加关系到宝宝的健康发育，应当遵循一定规律，即食物从细到粗，食材从少到多，听起来很麻烦，但也不需要妈妈太担心，本书中，有相应的辅食制作视频，让不会做饭的妈妈也能够轻松掌握辅食制作技能。

本书有菜谱延伸内容，同一种辅食的做法，换一种食材，就可以得到不同的营养、不同的美味，让宝宝均衡、全面地获取营养变得更简单。

目录

辅食添加不犯愁

4~6 个月：
宝宝的第一口辅食

6~7 个月：
辅食，一天 2 次就够了

7~8 个月：
可以吃蛋黄了

8~9 个月：
爱上小面条

9~10 个月：
可以嚼着吃

10~12 个月：
尝尝小水饺

1~1.5 岁：
软烂食物都能吃

1.5~2 岁：
辅食地位提高啦

2~3 岁：
营养均衡最重要

辅食这样吃，宝宝不生病

辅食添加不犯愁

宝宝 1.5 岁前的主食必须是母乳和配方奶

添加辅食是指将母乳或配方奶作为主食，在此基础上添加别的食物来搭配主食，而不是断奶、停止母乳或配方奶喂养。辅食添加应该是从宝宝 4~6 个月开始，但是，这时候的"主食"仍应是母乳和配方奶，且应持续到 1.5 岁。宝宝的主食——奶，与辅食相比，其脂肪含量高，而蛋白质和碳水化合物含量相比成人食物低。也就是说，奶属于高热量的食物。宝宝在 1.5 岁之前，只有以奶为主食，才能保证生长发育所需的能量供给。6~12 个月的宝宝每天至少要喝 600 毫升的奶，1~1.5 岁的宝宝每天的奶量也不应少于 400 毫升。即使宝宝特别喜欢吃辅食，也应保证主食的摄入量，只有这样才能保证宝宝基本的营养摄取。为了达到好的喂养效果，还需要调整辅食的喂养结构和喂养量，以更好地搭配主食，从而促进宝宝更好地生长发育。

人工喂养宝宝满 4 个月，可尝试吃辅食

宝宝满 4 个月之前，肠胃发育还不健全，身体还没做好接受辅食的准备，且舌头也会本能地将固体食物顶出来。宝宝 4~6 个月时，宝宝口腔的排出反射会逐渐消失，不再将食物顶出来，因此这个时间段开始添加辅食是比较好的。人工喂养及混合喂养的宝宝，在宝宝满 4 个月且身体健康的情况下，可以尝试吃辅食。

纯母乳喂养宝宝满 6 个月添辅食

世界卫生组织的最新婴儿喂养报告提倡：前 6 个月纯母乳喂养，6 个月以后可在母乳喂养的基础上添加辅食。这样做的好处是可降低宝宝感染肺炎、肠胃炎等疾病的风险。另外，纯母乳喂养时间比较久，对产后身材恢复很有利。

一般来说，纯母乳喂养的宝宝，如果体重增加理想，可以到 6 个月时添加辅食，但具体何时添加，应根据宝宝的实际发育状况来定。

辅食添加要循序渐进

每个宝宝的体质、发育程度都不尽相同，但只要遵循最基本的原则——循序渐进，那么辅食添加的过程就会变得顺利，妈妈要注意做好以下几点：

①由少到多

给宝宝添加辅食时，首先要考虑宝宝是否能消化吸收。宝宝的胃容量很小，妈妈不要觉得宝宝平时奶喝得很少就加大了辅食的量，要根据宝宝的消化情况来做具体判断。

刚开始给宝宝添加辅食时，可以一天喂 2 次，连喂 3~7 天。在这段时间，要注意观察宝宝的情况。如果宝宝接受食物，没有异常反应，那么可以换下一种食物。如果宝宝出现哭闹不止、呕吐、腹泻、出疹子等异常反应，要及时停喂该种食物，并在专门的本子上做好记录，在 3~7 天后再次添加。

②由稀到稠

大多数宝宝在开始添加辅食时，牙齿刚开始萌出，只能给宝宝喂比较稀的流质食物，以后逐渐添加稠一点的半流质食物、颗粒状食物等，最后发展到完整的固体食物。根据宝宝的发育情况慢慢调整辅食的稀稠度，宝宝就会吃得香香的。

③由细到粗

刚开始添加辅食时，要将辅食处理得细小一些，口感就会更嫩一些。这样既能保护宝宝的肠胃不受伤害，又能锻炼宝宝的吞咽能力，为以后过渡到固体食物打下良好的基础。以绿叶蔬菜为例，给宝宝添加蔬菜辅食时，应先用最嫩的菜心、菜叶制成菜泥。

当宝宝快要长牙或正在长牙时，妈妈可以将食物的颗粒逐渐做得粗一点，这样既有利于促进宝宝牙齿的生长，又能锻炼宝宝的咀嚼能力。仍以绿叶蔬菜为例，当宝宝能较好地吸收菜泥后，可以将绿叶蔬菜剁碎喂给宝宝，让宝宝适应一段时间后，再添加少量的碎菜茎。

④由简单到复杂

宝宝辅食的添加应按照由一种到多种、由简单到复杂的顺序逐渐添加。刚开始添加辅食，只给宝宝喝一种菜泥、果泥，过几天之后，再换另一种；开始时每个菜谱只包含一种蔬菜，然后换成两种蔬菜、三种蔬菜；开始时宝宝吃的种类仅限于蔬菜、水果、谷物，然后逐渐丰富，添加鱼、肉、蛋等食物。

辅食添加原则示意图

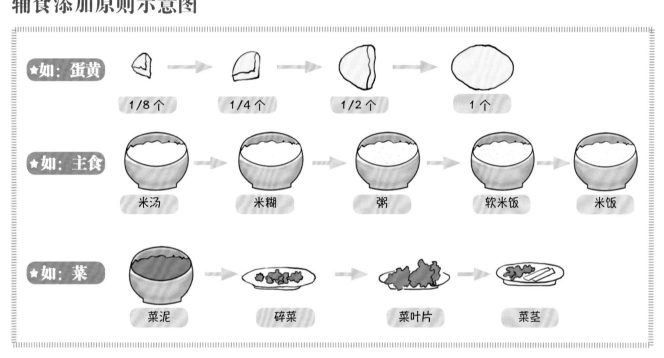

★如：蛋黄　1/8个　→　1/4个　→　1/2个　→　1个

★如：主食　米汤　→　米糊　→　粥　→　软米饭　→　米饭

★如：菜　菜泥　→　碎菜　→　菜叶片　→　菜茎

宝宝的第一道辅食——婴儿营养米粉

第一次给宝宝添加辅食要吃什么呢？很多爸爸妈妈都不知道该如何选择。专家建议，首次添加辅食最好选择婴儿营养米粉。

婴儿营养米粉是专门为婴幼儿设计的均衡营养食品，其营养价值远超蛋黄、蔬菜泥、水果泥等营养相对单一的食物。米粉中所含有的营养素是这个年龄段发育所必需的，而且营养米粉的味道接近母乳和配方奶，更容易被宝宝接受。

宝宝要吃辅食的 6 个可爱小信号

如果哺乳妈妈奶水不足，或者宝宝是人工喂养的，可以在宝宝满 4 个月后，有以下表现时添加辅食。

①按照平时的作息时间给宝宝喂奶，但宝宝饿得很快。

②宝宝有些厌奶了。

③大人吃饭时，宝宝会盯着大人夹菜、吃饭的动作，甚至会伸手抓饭菜后放进嘴里。

④宝宝可以在大人的扶持下，保持坐姿。

⑤用小匙喂食物的时候，宝宝的舌头不总是将食物顶出来。

⑥宝宝的体重比出生时体重增加一倍，或达到 6 千克以上。

早产儿需要提前添加辅食吗

由于宝宝是早产儿，妈妈就怕缺了什么营养，总想着补一补。尤其是看到周围的妈妈已经给宝宝添加辅食了，总怕宝宝的成长发育落后于足月的宝宝。

其实，与足月儿妈妈的母乳相比，早产儿妈妈的母乳含有更多的蛋白质、乳糖、矿物质、微量元素等。所以，妈妈不要为宝宝的营养担心，母乳就是宝宝最好的营养。

过早地给早产儿添加辅食，一方面容易增加宝宝的肠胃负担，进

能够保持坐姿是给宝宝添加辅食的前提。

而引发腹泻等疾病；另一方面，也容易让宝宝摄入过多的脂肪、热量、糖分等，引发肥胖。那么，什么时候添加辅食最好呢？

关于早产儿添加辅食的时间，不能按照宝宝的实际出生月龄来计算，应按照矫正月龄来计算。当早产儿矫正月龄满 4~6 个月后，可以根据宝宝的实际情况来判断是否添加辅食。

矫正月龄 = 实际出生月龄 −（40 − 出生时孕周）/4

以孕 32 周出生实际月龄 6 个月的早产儿为例，其矫正月龄为 4 个月：

矫正月龄 = 6 −（40 − 32）/4=4

当别的妈妈在给宝宝添加辅食的时候，不用急也不用羡慕，要知道，适合宝宝的才是最好的。

从一种辅食加起，7 天后再加另一种辅食

刚开始添加辅食时只能给宝宝吃一种与月龄相宜的食物，1 周后，如果宝宝的消化情况良好，再尝试添加另一种辅食。一旦宝宝出现异常反应，应立即停喂该种食物，并在 3~7 天后再尝试。再次添加该种食物后，如果同样的问题再次出现，就应考虑宝宝是否对此食物不耐受，至少需停喂 3 个月。

过敏宝宝辅食添加有顺序

在遵循由少到多、由稀到稠、由细到粗、由简单到复杂的宝宝辅食添加原则基础上，过敏宝宝辅食添加的顺序是由低敏到高敏，依次是米、蔬菜、水果、蛋黄，宝宝满 7 个月后可以尝试少量肉类和豆类食物。

制作容易过敏的食物时，要保证食材的新鲜并确保食物熟透。一旦发现宝宝对某种食物有过敏症状，应立刻停喂这种食物。

宝宝每天、每顿应该吃多少辅食

一般来说，宝宝 1 岁前，每天吃 2 次辅食比较合理。宝宝每次接受辅食的量并不固定，爸爸妈妈要尊重宝宝的意愿，如果宝宝不愿意吃也不要强制。

与宝宝每天吃多少相比，妈妈更应该关心的是宝宝每天吃得好不好。比如宝宝是否对辅食感兴趣？若干次尝试后，宝宝是否接受了辅食？宝宝添加辅食后有没有出现呕吐、腹泻、过敏等症状？辅食添加一段时间后，宝宝生长发育是否正常？只要宝宝能够慢慢接受母乳、配方奶之外的食物，并能健康地成长，添加辅食的目的就达到了。

先喂辅食后喂奶，一次吃饱

有些家长给宝宝添加辅食时会比较随意，想起来就喂一点，这样会造成宝宝没有"饱"和"饿"的感觉，从而使宝宝对吃辅食兴趣降低。

吃辅食应该安排在两次母乳或配方奶之间，先吃辅食，然后再补充奶，让宝宝一次吃饱，以便培养宝宝规律进餐的习惯。

咀嚼不是生来就会，需要后天训练

宝宝天生就会吃奶，但是咀嚼并不是天生就会的，需要后天的训练。咀嚼需要一定的前提条件——长出磨牙和学会有效的咀嚼动作。在宝宝还没有萌出磨牙的时候，爸爸妈妈应该有意识地训练宝宝的咀嚼动作。如何才能让宝宝学会咀嚼呢？不用着急，只要做好导师，亲自为宝宝示范如何咀嚼食物，宝宝会模仿你的动作，慢慢就学会咀嚼了。

方法为：在宝宝拿着食物放入口中时，妈妈自己也将食物放到嘴里，做出明显的咀嚼动作，通过这样的行为诱导，宝宝会逐渐意识到吃食物时应该先咀嚼，并学会模仿大人的动作。

看大便，调辅食

添加辅食后，如何观察宝宝已适应辅食添加情况，继而随时调整辅食添加进度和内容呢？其实，宝宝的大便就是调整辅食的依据。

正常大便

母乳喂养的宝宝，大便的颜色呈金黄色且较稀软。人工喂养的宝宝的大便呈浅黄色且发干。

不正常的大便

臭味很重：这是宝宝对蛋白质消化不完全。

有大量奶瓣：是由于未完全消化的脂肪与钙或镁化合而成的皂块。

大便发散、不成形：要考虑是否辅食量加多了或辅食不够软烂，影响了宝宝对食物的消化吸收。

粪便呈深绿色黏液状：多发生在人工喂养的宝宝身上，表示供奶不足，宝宝处于半饥饿状态，需加喂米汤、米糊、米粥等。

大便中出现黏液、脓血，大便的次数增多，大便稀薄如水：说明宝宝可能吃了不卫生或变质的食物，还有可能患了肠炎、痢疾等肠道疾病，需就医。

给宝宝喂饭的窍门

添加辅食时，需要给宝宝准备必要的座椅和餐具，最好给宝宝用专门的儿童座椅，座椅与饭桌的高度要适当，让宝宝能看到桌上的饭菜，能看着大家吃饭。

餐具最好是安全、无毒无刺激的，勺子主要是充当玩具的作用，防止他的小手到餐桌上乱抓一气，但不要给宝宝筷子之类的细长硬物，以避免宝宝误食。宝宝的胃口小，尽量不期待他一次吃掉全部食物。

磨牙长出前，不能吃小块状的食物

宝宝即使学会了咀嚼动作，在没有长出磨牙之前，也不能吃小块状的食物，因为没有磨牙参与的咀嚼动作不能使食物得到有效的研磨。一些宝宝可能不接受小块状食物，会吐出来，但是也有些宝宝吞咽能力强，很可能会将未充分研磨的食物吞下肚，这样就会造成食物消化不完全，会增加食物残渣量，同时也减少了营养成分的吸收，长期下去还可能导致生长缓慢。

不要用果水、菜水代替白开水

一，蔬菜水果经过煮沸的过程，损失了大量的维生素；二，从解渴的角度来看，也不建议给宝宝喝果水、菜水，因为宝宝一旦习惯了这种味道，就不容易接受白开水。在宝宝长牙后，喝果水、菜水也不利于口腔健康。建议给宝宝喝白开水，可以起到清洁口腔的作用。

另外蔬菜表面的农药、化肥等，若清洗不彻底会溶于其中，对宝宝健康不利。

妈妈们别盲目崇拜蛋黄

很多妈妈习惯将蛋黄作为宝宝的第一道辅食，其实这并不适合。鸡蛋黄的营养确实对婴幼儿成长发育有重要作用，但是过早添加蛋黄容易导致宝宝消化不良。对于进食及发育均良好的宝宝来说，可以从 7~8 个月开始添加蛋黄，而且从 1/8 个蛋黄开始添加，逐渐过渡到一整个。宝宝在满 1 岁后可以吃全蛋了。

"每天给宝宝吃 2 个蛋黄，怎么他体重还是增长得这么缓慢呢？"很多家长都对此感到很困惑。虽然蛋黄富含蛋白质，但不能满足宝宝生长发育所需的全部营养。建议用鸡蛋黄搭配富含碳水化合物的米粉、粥、面条等食物给宝宝食用，还可搭配青菜，这样还有利于人体对蛋白质的吸收和利用。

值得提醒的是，虽然鸡蛋的营养价值高，但也不是吃得越多越好。肾功能不全的宝宝不宜多吃鸡蛋，否则造成尿素氮积聚，会加重病情。皮肤生疮化脓及对鸡蛋过敏的宝宝，也不宜吃鸡蛋。

1 岁以内的宝宝不宜食用果冻

果冻虽然看起来是很软的食物，但是韧性较大。1 岁以内的宝宝如果吞咽不好，果冻会黏附于喉咙上，引起窒息。因吸食果冻阻塞气管造成婴幼儿窒息的事故也时有发生，所以最好不要给宝宝喂食果冻，更不能让宝宝自己吸食。

1 岁以内的宝宝最好别碰蛋清、蜂蜜

鸡蛋的蛋清非常容易引起宝宝消化不良、腹泻、皮疹甚至过敏等症状。有些 8 个月以内的宝宝还可能会对蛋清中的卵清蛋白过敏。蜂蜜在制作过程中容易受到肉毒杆菌的污染，而肉毒杆菌在 100℃ 的高温下仍然可以存活，很难清除。所以，1 岁以内的宝宝最好别碰蛋清、蜂蜜。

宝宝 1 岁前不要喝鲜牛奶和酸奶

宝宝 1 岁前不要喝鲜牛奶。因为宝宝的胃肠道、肾脏等系统发育尚不成熟，鲜牛奶中高含量的酪蛋白、脂肪很难被消化吸收，而且其中的 α - 乳糖容易诱发宝宝胃肠道疾病。

宝宝 1 岁前也不要喝酸奶。酸奶里面的乳酸杆菌会刺激宝宝未发育成熟的胃黏膜，容易导致肠道疾病。

1 岁以内的宝宝辅食不应主动加盐、糖

有些家长在给宝宝做辅食时，习惯加点盐，认为这样宝宝会更爱吃，同时也会补充钠和氯元素。其实，1 岁内宝宝的辅食不应主动加盐、糖等调味料。1 岁以内的宝宝宜进食母乳、配方奶和泥糊状且味道清淡的食物，最好是原汁原味的。不建议在食物中主动添加盐、糖等调味品。

别给宝宝尝成人食物

母乳和配方奶的味道比较淡，宝宝的辅食味道也很清淡，所以他（她）能够很容易地接受辅食。一旦宝宝尝了成人的食物，哪怕只是一小口，都会刺激宝宝的味觉。如果他喜欢上成人食物的味道，那么就会很难再接受辅食的味道，容易出现喂养困难。

如何保存辅食

很多妈妈不但要照顾宝宝，还要上班，没有太多的时间来制作辅食。所以，如何保存辅食就成了难题。最简单的方法就是将辅食冷冻，需要的时候取出加热，这样既方便又快捷。

将制作好的辅食晾凉后，放在用热水消过毒的容器中（如玻璃保鲜盒，结实耐用，而且不容易残留污垢，很容易清洗）。密封后，将保鲜盒放在冰箱冷冻层中。

一般来说，水果类的辅食在晾凉的过程中就会氧化，不建议冷冻保存。蔬菜类的辅食可以冷冻保存 3~5 天，谷类、肉类辅食可以冷冻保存 5~7 天。宝宝辅食一次不要做太多，尽量在短时间内吃完。

冷冻过的辅食还有营养价值吗

和新鲜的食物相比，冷冻过的食物营养肯定会有流失。不过，通过蒸的方式制作，可以将食物的营养流失降到最低。

在制作辅食的时候，很多蔬菜类食物都可以采用蒸的方式，既健康又富有营养。以菜花为例，在蒸气中迅速做熟，是营养流失最少的一种方式。具体操作方法为：将菜花切成小块，水开后，放进蒸锅蒸 5~8 分钟，然后打成菜花泥。

如何知道辅食温度合不合适

母乳来自于妈妈的身体，温度和人体温度接近，也就是37℃左右。宝宝所习惯的温度就是母乳的温度。在制作辅食时，最好能接近这个温度。妈妈可以将装有辅食的容器放在手腕内侧，如果没有感觉到不适，就代表温度适中。此外，一些辅食勺遇到高温就会变色，也具有提示功能。

合理烹调，留住营养

完美妈妈不仅能做出色香味俱全的食物，更重要的是能够最大限度地保留食物的营养。那么如何才能做到呢？

米、面中的水溶性维生素和矿物质容易受到损失，所以这类食材以蒸、烙最好。用水煮或者油炸会造成营养流失。为了避免蔬菜中的维生素流失，蔬菜要先清洗或烫软再切碎。

另外，胡萝卜最好用油炒一下再蒸熟，这样才能更好地吸收利用其营养；用铁锅烹调酸性食物可提高活性铁的吸收率；炖骨头汤的时候滴几滴醋，有助于骨头里的钙质溶于汤内。

宝宝辅食不是越碎越好

添加辅食之初，宝宝的辅食是越碎越好、越细越好，因为这时候宝宝还没有学会咀嚼，只会吞咽。但是宝宝辅食并不一直是越碎越好，宝宝6个月后，口腔分泌功能日渐完善，神经系统和肌肉控制能力也逐渐增强，吞咽活动已经很自如了，这时就可以吃一些带有小颗粒状的食物了。而且在宝宝10个月之前，应逐渐让宝宝学会吃固体食物。这不仅是满足身体对营养的需求，同时也是锻炼口腔运动和促进面部肌肉控制力的需要。

给宝宝喂食时不要用语言引导

刚开始给宝宝添加辅食阶段，很多家长在给宝宝喂食时都喜欢用语言鼓励宝宝进食。其实这种做法并不能起到激励作用，反而会让宝宝分心。特别是一边吃饭一边用玩具哄时，更容易让宝宝形成"吃＋玩＋说话＝吃饭"的概念。如果在喂饭的时候，家长能一起咀嚼食物，这样会更能引起宝宝进食的兴趣，使他专心进食。

用碗和勺子喂辅食好处多

为宝宝添加辅食不只是为了增加营养，同时也是为了促进宝宝的行为、肌肉发育。建议爸爸妈妈使用碗和勺子给宝宝喂辅食。因为用勺子喂养宝宝需要经过卷舌、咀嚼然后吞咽的过程，这可以训练宝宝的面部肌肉，为今后说话打好基础。用碗和勺子喂养，不仅方便进食，而且有利于宝宝的行为发育。

用配方奶冲米粉，吸收不好营养自然不好

米粉添加初期，它是辅食，后期会成为辅食中的主要食物，而且味道也会逐渐接近成人食物。如果用配方奶冲米粉，会导致其味道和成人食物相差较远，不利于宝宝以后接受成人食物；而且配方奶冲调的米粉太黏稠会增加宝宝肠胃的负担，甚至出现消化不良等症状。因此，用配方奶冲调的米粉营养价值并没有被充分利用。

"缺"和"补"，中国妈妈最关心的事儿

"缺"和"补"是萦绕在中国家长心头的一件大事。总有父母看到宝宝表现出异常就怀疑其是否缺钙、缺锌，是不是需要补充微量元素。其实宝宝的生长发育主要依赖于蛋白质、脂肪和碳水化合物，生长发育有异常也不是因为缺乏微量元素。微量元素只有在其他营养素充足的基础上才会发挥作用。所以，与其关注"缺"和"补"，不如关注宝宝的饮食营养是否均衡。营养均衡比微量元素重要得多。只要保持饮食营养均衡，是不需要刻意补充微量元素的。

不要随意添加营养品

市场上为宝宝提供的营养品花样繁多，补锌、补钙、补赖氨酸等，令人眼花缭乱，使许多爸爸妈妈无所适从。

究竟要不要给宝宝吃营养品和补剂，这是因人而异的。如果宝宝身体发育情况正常，就完全没必要补充。营养品和补剂的营养成分并非是宝宝的生长发育过程中的必需品，其中的一些成分在食物里就有。即使人体缺乏某种营养素，我们也可以通过食物来补充。盲目进食营养品对宝宝的身体是无益的。实际上，获得营养的最佳途径是摄取健康天然的食物。

天然的食物才是宝宝获取营养的最佳途径。

如何纠正宝宝爱吃肉不爱吃菜的习惯

很多宝宝都爱吃肉，如果因此偏食，就对健康不利了。太偏好肉类而不爱吃蔬菜等其他食物，容易导致宝宝身体内的营养失衡。为了宝宝的健康，必须纠正宝宝只爱吃肉不爱吃蔬菜的习惯：尽量把肉和蔬菜混合，并把肉切碎；把肉和蔬菜放在一起熬煮，使蔬菜混合了肉的香气，提高宝宝对蔬菜的接受度；变换不同的口感和花样也容易激发宝宝的食欲。

市售辅食和自制辅食哪个好

自制辅食的最大优点是新鲜，而且爸爸妈妈在制作辅食的过程中，能够更深刻地体会到为人父母的那份幸福，也加深了亲子之间的感情。但是，自制辅食如果不注意科学搭配和合理烹调，容易出现营养流失过多、营养搭配不合理的情况，这对宝宝的健康成长同样不利。

市售辅食最大的优点就是方便，无需费时制作。以婴儿米粉为例，它是宝宝第一次辅食的首选，营养全面且易于吸收，能充分满足宝宝的营养需求。但是，婴儿米粉一方面价格较高，另一方面市场上出售的米粉良莠不齐，购买的时候一定要谨慎选择。下面给妈妈一些挑选市售辅食的建议：

①挑选大品牌的产品

相比较而言，大品牌的产品质量和服务质量都经过了较长时间的市场验证，比其他小品牌产品更值得信赖。

②看食品添加剂

食品添加剂并非都是不安全的，但以下这些成分，最好不要出现在宝宝的辅食中：人工甜味剂，如糖精钠、三氯蔗糖、安赛蜜、阿斯巴甜、山梨糖醇、麦芽糖醇等；防腐剂，如苯甲酸钠、山梨酸钾等。

③看色泽，闻气味

质量好的米粉应是大米的白色，颗粒精细、均匀一致，容易消化吸收。有米香味，无其他气味。

④尝口味

在购买前，最好能品尝一下。虽然有些食品的口味很淡，但对宝宝来说很可口，不能用成人的口味来衡量。

总之，无论是市售辅食还是自制辅食，只有营养丰富、吸收良好的辅食才能更好地促进宝宝的健康成长。

传统辅食工具有哪些

榨汁机：适合自制果汁，使用方便，容易清洗。

研磨器：将食物磨成泥，是添加辅食前期的必备步骤。使用前需高温灭菌。

辅食剪：可以剪切食物，也可以直接捣成泥。方便清洗。

菜板：虽然菜板是家里常用到的工具，但是最好给宝宝买一套专用的，并且要经常清洗、消毒。

蒸锅：用于蒸熟食物或蒸软食物，蒸出来的食物口味鲜嫩、熟烂，容易消化，含油脂少，能在很大程度上保留食物的营养。

辅食勺：常用的辅食勺多为食品级 PP 材质（在正常情况及高温情况下不会释放出有害物质），适合宝宝使用。

刨丝器、擦板：刨丝器是做丝、泥类食物必备的用具，由于食物细碎的残渣很容易藏在细缝里，每次使用后都要清洗干净、晾干。

辅食碗：一般为吸盘碗，能牢固地吸附在桌子上，防止宝宝打翻碗弄到地上。但吸盘碗直接放入微波炉中可能导致变形，影响吸附功能。

烹煮省时好帮手

电饭锅: 最大的优点在于不用担心火候, 一指按下轻松搞定。

高压锅: 炖肉、炖排骨特别省时, 而且炖出来的肉软烂可口。

小汤锅: 快煮快热, 省时节能, 适合烫菜、煮粥、煮面。

如何给辅食工具消毒

宝宝肠胃功能较弱, 所以要特别重视辅食工具的清洁和消毒。适合的消毒方法主要有以下三种:

①煮沸消毒法

这种消毒法妈妈们使用得最为普遍, 就是把宝宝的辅食工具洗干净之后放到沸水中煮 2~5 分钟。对于不是陶瓷或玻璃材质的工具, 煮的时间不宜过长。汤锅、蒸锅、榨汁机等辅食工具不能煮, 要用沸水烫一下再用。

②蒸气消毒法

把工具洗干净之后放到蒸锅中, 蒸 5~10 分钟。这种方法很适合塑料材质的工具。

③日晒消毒法

木质的研磨棒、菜板等不宜长时间煮、蒸, 最好用开水烫一下, 用厨房纸吸干水分后在阳光下暴晒一段时间, 比较安全, 又不会降低这些工具的使用寿命。

"传统家当"、辅食机、料理机哪个更给力

"传统家当"的好处是不用另外购置工具, 菜板、刀具、锅、碗、瓢、盆都能用, 省钱; 不过宝宝的辅食一般要切小剁烂, 所以用传统家当就会比较费时费力。

辅食机集蒸、煮、搅拌为一体, 操作起来非常方便, 而且用辅食机做出来的食物泥都很细腻, 非常适合刚添加辅食的宝宝。辅食机是妈妈制作辅食的"利器", 省时又省力。不过置备这个利器需要一笔费用, 而且等宝宝长大些, 就不需要制作泥状食物了, 所以利用率比较低。

料理机最基本的功能就是搅拌和磨碎功能, 但是它没有蒸、煮的功能, 所以比起辅食机它的功能稍微弱一些, 而且有些机型清洗时比较费时。

4~6个月：
宝宝的第一口辅食

4~6个月宝宝每周辅食添加计划

上午	6:00	母乳或配方奶 150~200 毫升
	9:00	强化铁米粉 40~60 毫升
	12:00	母乳或配方奶 150~200 毫升
下午	15:00	母乳或配方奶 150~200 毫升
	18:00	南瓜泥 20 克
晚上	21:00	母乳或配方奶 150~200 毫升
	24:00	母乳或配方奶 150~200 毫升

母乳 90%　　　　　　　　　　辅食 10%

4~6个月宝宝喂养重点

4~6个月的宝宝仍需要继续母乳喂养，如果母乳不足，宜选择混合喂养，有条件的妈妈最好坚持母乳喂养。如果因为身体健康问题，或者是工作需要等特殊原因而不得不给宝宝断奶，也不必担心，宝宝不吃母乳了，吃配方奶也一样可以健康成长。这期间可以给宝宝添加米粉、米汤、果泥等，让他尝尝食物的味道。

这期间的宝宝，营养上要注意补铁。因为宝宝体内存储的铁只能满足4~6个月内成长发育的需求。随着身体的快速成长，宝宝6个月以后最容易发生缺铁性贫血。所以，从5个月开始，妈妈就要特别注意开始给宝宝补铁了。

● 坚持母乳喂养，母乳中铁的吸收利用率较高。

● 适当补充维生素 B_2，促进铁吸收。

● 补充牛磺酸，宝宝眼睛黑又亮。

● 辅食添加应少量，每天不超过2次。

● 辅食少用调味品，1岁前不加盐。

● 哺乳期的妈妈可以多吃一些含铁丰富的食物。

让宝宝尝尝母乳及配方奶以外的食物

4~6个月时，宝宝尝尝母乳及配方奶以外的食物——辅食，可以锻炼咀嚼食物的能力。随着宝宝的乳牙渐渐萌出，及时添加辅食可以让他尝试着用牙龈或牙齿咀嚼食物，有利于其乳牙的萌出和牙齿的健康。

宝宝适应辅食后，可以慢慢经历从单一的乳汁喂养到完全断奶，这是成长的必然过程。

辅食还可以补充母乳营养的不足。因为尽管母乳是婴儿的最佳食物，但对4~6个月以后的宝宝来说，母乳中的一些营养素已满足不了身体成长所需，所以需要通过辅食来弥补。这个阶段宝宝需要添加的辅食以含碳水化合物、蛋白质、维生素、矿物质的食物为主，包括米粉、蔬菜泥、果泥。此阶段应注重食物的合理搭配，以及辅食是否适应此月龄段的宝宝。至于辅食添加的时间、次数，还要视宝宝个体差异而定，主要取决于每个宝宝对吃的兴趣和主动性。

及时添加富含铁的米粉

宝宝在4个月以前不易发生贫血，这是因为在出生前妈妈已给宝宝储备了铁。而4~6个月以后宝宝要从食物中摄入铁，如果食物中含铁量不足，就会发生贫血。

所以，4~6个月以后的宝宝，必须有规律地添加辅食来补铁，其中，强化铁的婴儿米粉是一个很好的选择。强化铁米粉除了富含铁元素、营养全面之外，引发过敏的概率也很低，特别适合作为宝宝的第一口辅食。

辅食添加常见问题

? 第一口辅食有什么标准

首次给宝宝添加辅食，很多妈妈都不知道应该选择什么作为宝宝的"第一口"。其实，选择标准很简单：强化铁且不过敏。

因为4~6个月后宝宝要从食物中摄入铁，如果食物中含铁量不足，就会发生贫血。因此，必须有规律地添加辅食来补铁，其中，强化铁的婴儿米粉是一个很好的选择。

? 宝宝吃了几口米粉就再也不吃了，怎么办

刚开始添加米粉不要调得太稠，要稍微稀一些，每次喂的量要少。如果宝宝不喜欢吃也不要勉强，让他吃饱母乳或配方奶就好。如果宝宝实在不喜欢吃，也可以尝试换换其他品牌的米粉。

? 不爱吃菜泥，能加糖吗

宝宝过早接触甜味的东西，以后很容易偏食、厌食。味觉的早期依赖，对于以后其他辅食的添加会更困难。而且，甜食吃多了，对牙齿的生长也会非常不利。如果宝宝不爱吃某种菜泥，比如菠菜，下次可以试着换成小白菜、青菜等，并尽量使用蔬菜叶，少用或不用蔬菜的茎。同时，辅食的量也要逐渐增加，慢慢让宝宝接受新的味道。

? 喝米汤拉肚子了，什么都不敢喂了

米汤是很养胃的食物，为什么宝宝会拉肚子呢？除了宝宝还没适应米汤外，还可能是以下原因造成的：

❶米汤太稠了。给宝宝制作的米汤，米和水的比例要循序渐进，可以从浓度比较低的1:10开始添加，然后慢慢过渡到1:9、1:8。

❷米汤温度过低。喂米汤之前，可以先将米汤滴在手腕内侧试一试，如果不烫、不凉，温度就刚刚好。

? 宝宝拉绿便，是因为吃了青菜吗

　　若宝宝的辅食中含有绿叶蔬菜，且不能被宝宝完全吸收，便便就会变成绿色。这时可以适当减少辅食量，让宝宝充分消化吸收。

　　母乳喂养的宝宝可能会排出绿便。母乳喂养的宝宝大便呈酸性，大便中的胆红素容易被细菌氧化变为绿色。所以母乳喂养的宝宝正常大便略呈绿色。

　　另外，当宝宝腹部受凉时，肠胃蠕动加快，宝宝也会排出绿色便便。

? 有了辅食就不爱吃奶了

　　有的宝宝在添加辅食后不爱吃奶，这可能有以下几个方面的原因：

　　❶添加辅食的时间不是很恰当，可能过早或过晚。

　　❷添加的辅食不合理。辅食口味调得比奶浓，使宝宝不再对淡而无味的奶感兴趣了。

　　❸添加辅食的量太大。针对这些情况，妈妈可以先喂奶再喂辅食，也可以在宝宝睡前或刚睡醒迷迷糊糊时喂奶。妈妈还可以适当减少辅食的量，让宝宝能较好地吃奶。

辅食来啦

001 原味米粉

原料: 米粉 1 匙。

做法: ❶取 1 匙米粉, 加入适量温水。❷用勺子按照顺时针方向搅拌成糊状即可。

营养功效: 米粉是专门为婴幼儿设计的初始辅食, 富含各种营养素, 特别是此阶段宝宝生长发育所需的铁可以通过米粉获取, 以防止缺铁性贫血。

宝宝的第一道辅食应是米粉。

跟着视频做辅食

跟着视频做辅食

002 大米汤

原料: 大米 50 克。

做法: ❶大米洗净, 用水浸泡 1 小时后, 将米放入锅中加入适量水, 小火煮至水减半时关火。❷舀取上层米汤即可。

营养功效: 大米汤香甜, 含有丰富的蛋白质、碳水化合物及钙、磷、铁、维生素 C 等营养成分。

003 小米汤

原料: 小米 50 克。

做法: ❶小米淘洗干净。❷锅中放入水, 待水开后放入小米, 小火熬煮至粥熟。❸粥熟后晾温, 取米粥上的清液 20~30 毫升喂宝宝。

营养功效: 小米汤味道清香, 米味醇厚, 有助于促进食欲、养脾胃, 对宝宝的生长发育大有裨益。

跟着视频做辅食

将黑米多煮一段时间，营养更好吸收。

004 黑米汤

原料：黑米 50 克。

1 将黑米用清水淘洗干净（不要用力搓），用水浸泡 1 小时。

2 不换水，直接放火上熬煮成粥。

3 待粥温热不烫后，取米粥上的清液 20~30 毫升即可。

005 香蕉米汤

原料： 大米 40 克，香蕉 20 克。

做法： ❶将大米洗净，用水浸泡 30 分钟，放入锅中煮至米烂，盛出上层米汤。❷将切好的香蕉片放入米汤，喂时应先将香蕉碾碎再喂宝宝。

营养功效： 香蕉泥含有丰富的碳水化合物和钾等，熟透的香蕉容易制成泥状，方便给初添辅食的宝宝尝试。

香蕉选择熟透的，更易让宝宝接受。

跟着视频做辅食

跟着视频做辅食

006 苹果米糊

原料： 苹果 1 小块，米粉 20 克。

做法： ❶苹果洗净，去皮、去核，切成丁。❷将苹果丁及适量温开水放入料理机中搅成糊，加入调好的婴儿米粉中即可。

营养功效： 苹果富含钾、镁，有利于宝宝补充矿物质。苹果还含有机酸，可刺激消化液分泌，开胃提升食欲。

007 土豆泥

原料： 土豆 50 克。

做法： ❶土豆洗净，去皮切块。❷土豆上锅蒸熟，用勺子压成泥或料理机打成泥即可。

营养功效： 土豆中含有丰富钾、镁等矿物质，还含有一定量的维生素 C，可为宝宝补充身体生长所需的能量。

跟着视频做辅食

玉米面先用清水调开，避免结块。

跟着视频做辅食

008 玉米面糊

原料： 玉米面20克。

做法： ❶玉米面中加入适量水调成糊。❷锅中加水，大火煮沸，拌入调好的玉米面糊，煮沸即可。

营养功效： 玉米面中含有丰富的膳食纤维，能刺激胃肠蠕动，加速排便，有效缓解宝宝便秘。

009 红薯米糊

原料： 红薯20克，米粉20克。

做法： ❶红薯洗净，去皮，切成小丁。❷蒸熟红薯，加适量温开水捣成泥，加入调好的婴儿米粉中拌匀即可。

营养功效： 红薯中赖氨酸和精氨酸含量都较高，对宝宝的发育和抗病力都有良好作用。

跟着视频做辅食

跟着视频做辅食

010 黄瓜米糊

原料： 黄瓜60克，米粉20克。

做法： ❶黄瓜洗净，去皮切小丁，放入沸水锅内煮软，捞出沥干，再放入搅拌机中打成泥。❷将米粉放入碗中，加入温开水搅拌成米糊。❸放入黄瓜泥搅拌均匀。

营养功效： 黄瓜米糊所富含的维生素、微量元素能帮助宝宝提高免疫力。

011 西蓝花米糊

西蓝花中的营养成分，不仅含量高，而且十分全面，主要包括蛋白质、碳水化合物、脂肪、维生素 C、胡萝卜素、钙等，与米粉混合在一起，是一款美味又营养的辅食。

准备时间： 20 分钟

烹饪时间： 10 分钟

原料：

西蓝花 50 克，米粉 20 克。

营养素：

维生素 C

胡萝卜素

钙

用淡盐水浸泡西蓝花 5~10 分钟，可将西蓝花清洗得更干净。

跟着视频做辅食

1 将西蓝花用淡盐水浸泡半小时，再用清水洗净。

2 将西蓝花掰成小朵，用水煮软，放入搅拌机加适量水打成糊。

3 米粉加入适量温水顺时针搅拌成糊状。

4 将西蓝花糊与米糊搅拌均匀即可。

做法都一样

在给宝宝做辅食的时候，妈妈最好选择当季的蔬果，这样可以保证宝宝吃到较新鲜的食物，有利于宝宝的健康。

西蓝花中可能会有虫子和一些脏东西，所以食用前最好用盐水泡一下。

小油菜：用小油菜可以制作油菜汁、油菜泥等多种辅食，还可以加入粥、面条中，补充维生素 C。

菜花：菜花质地细嫩，易消化吸收，可以做成菜花泥给 1 岁以内的宝宝食用，营养丰富。

苋菜：除了苋菜汁、苋菜粥外，还可以将苋菜与鱼肉、豆腐等一起切碎做汤羹，不同的口味更能勾起宝宝的食欲。

012 西葫芦泥

原料：嫩西葫芦 30 克。

做法：❶将嫩西葫芦洗净，切成薄片，放入碗内，上锅隔水蒸至熟。❷将西葫芦片取出，待晾温后，放入搅拌机中，加适量水打成泥状。

营养功效：西葫芦含有丰富的维生素、矿物质和水分，经常食用可以在补充所需维生素的同时，让宝宝的皮肤更加水润有光泽。

跟着视频做辅食

跟着视频做辅食

013 油麦菜泥

原料：油麦菜 50 克。

做法：❶油麦菜挑选较嫩的叶子，清洗干净，放入沸水中煮熟，捞出沥水，切小段。❷将油麦菜段放入搅拌机中加适量温开水，搅打成泥，盛入碗内，晾温后喂宝宝即可。

营养功效：油麦菜营养丰富，能刺激消化液分泌、促进食欲。

014 西红柿米汤

原料：大米 30 克，西红柿 1 个。

做法：❶大米淘洗干净，浸泡半小时；西红柿洗净，用热水烫一下去皮，取 60 克西红柿切小块，用搅拌机打成泥。❷大米加水煮成粥，快熟时加入西红柿泥，熬煮片刻关火。❸待粥温后取米粥上的清液即可。

营养功效：西红柿富含维生素 C，能提高宝宝的免疫力，防治感冒。

西红柿要去皮后再给宝宝食用。

跟着视频做辅食

015 红豆米汤

原料： 大米、红豆各 20 克。

做法： ❶将大米、红豆淘洗干净，加适量清水煮成粥。❷待粥温后取米粥上的清液，注意撇掉红豆的皮，喂宝宝即可。

营养功效： 增强宝宝免疫力，保护肠胃健康，防止宝宝便秘。

红豆提前浸泡1晚，更容易煮烂。

跟着视频做辅食

016 玉米芋头泥

原料： 鲜玉米粒 15 克，芋头 20 克。

做法： ❶芋头去皮，切块，再用水煮熟。❷将洗干净的玉米粒，放入锅中煮熟，取出放入搅拌机，加适量温开水搅成玉米浆。❸将芋头块用勺子压成泥状，随后倒入玉米浆，搅拌均匀。

营养功效： 玉米中营养物质含量丰富，有增强人体新陈代谢、调节神经功能的作用。

跟着视频做辅食

017 奶香玉米泥

原料： 鲜玉米粒 40 克，配方奶粉适量。

做法： ❶将新鲜的玉米粒洗净，用水煮熟后加适量水打成泥。❷将玉米泥放入杯子或碗中，加少量配方奶粉搅拌均匀即可。

营养功效： 鲜玉米营养丰富，含有一定的淀粉、钾、膳食纤维等，加入一定量的配方奶粉，口味和营养价值更高。

玉米中含有较多的谷氨酸，能提高宝宝的免疫力。

跟着视频做辅食

018 红薯泥

原料： 红薯半个。

做法： ❶将红薯洗净，去皮，切小块。❷上笼屉蒸熟后，加适量温开水，将红薯捣烂即可。

营养功效： 红薯中赖氨酸和精氨酸含量都较高，对宝宝的发育和增强抵抗力有促进作用；其富含的可溶性膳食纤维有助于肠道蠕动，加速排便。

跟着视频做辅食

青菜偏寒，腹泻的宝宝不宜多吃。

019 青菜泥

原料： 青菜50克。

做法： ❶将青菜择洗干净，沥水。❷锅内加入适量水，待水沸后放入青菜，煮15分钟捞出，晾凉并切碎。❸用汤勺将青菜碎末捣成菜泥即可。

营养功效： 青菜含丰富的维生素和矿物质，能补充宝宝身体生长发育所需的营养，有助于增强免疫力。

020 油菜泥

原料： 油菜100克。

做法： ❶将油菜择洗干净，煮软烂后捞出。❷将油菜放入榨汁机中打成泥状，晾温后就可以喂给宝宝吃了。

营养功效： 油菜泥可补充B族维生素、维生素C、钙、磷、铁等物质。油菜中还含有大量的膳食纤维，有助于宝宝排便，并保护皮肤黏膜。

跟着视频做辅食

非糯性的老玉米不适合做辅食。

跟着视频做辅食

021 玉米汁

原料：嫩玉米半根。

做法：❶将玉米煮熟，把玉米粒掰到碗里。❷用1:1的比例，将玉米粒和温开水放到榨汁机里榨汁即可。

营养功效：玉米含有较多的谷氨酸和膳食纤维，不仅有健脑的功效，能让宝宝更聪明，还有刺激胃肠蠕动、防治宝宝便秘的作用。

022 苹果泥

原料：苹果半个。

做法：❶将苹果洗净，对半切开。❷用勺子把苹果慢慢刮成泥状即可。

营养功效：苹果富含锌，可增强宝宝记忆力，健脑益智；还含有丰富的矿物质，可预防佝偻病。苹果还对缺铁性贫血有防治作用。

跟着视频做辅食

跟着视频做辅食

023 小白菜米糊

原料：米粉20克，小白菜1棵。

做法：❶将小白菜洗净，切碎，放入沸水锅内煮软，捞出沥干，再放入搅拌机中打成泥。❷将米粉放入碗中，加入温开水搅拌成米糊。❸放入小白菜泥搅拌均匀。

营养功效：小白菜富含膳食纤维，能预防宝宝便秘，喝配方奶的宝宝可以多吃。

024 胡萝卜泥

胡萝卜富含胡萝卜素，在体内可转化成维生素 A，能补肝明目，同时有助于提高免疫力，还能促进骨骼正常生长发育。

准备时间： 5 分钟

烹饪时间： 20 分钟

原料：

胡萝卜 100 克。

营养素：

胡萝卜素

膳食纤维

维生素 B_6

维生素 B_1

花青素

钙

铁

跟着视频做辅食

1 将胡萝卜洗净，切丁。

2 油锅烧热，将胡萝卜丁炒熟。

3 加入适量清水拌匀，上锅蒸 10 分钟后压成泥即可。

摄入过多胡萝卜素会使宝宝皮肤变黄，停用一段时间就会好转。

做法都一样

　　很多蔬菜都可以用蒸煮的方法做泥。经常变换辅食的食材种类，能够让宝宝接触到不同的营养和味道，避免长大后挑食。

蛋黄：蛋黄可以单独做蛋黄泥，也可以混合在其他食材中作为营养的补充。不过宝宝要在 8 个月后才可以吃蛋黄。

红枣：红枣的皮对于宝宝来说比较难以消化，所以在做辅食的时候一定要彻底碾碎或剥离。春天宝宝容易过敏，食用枣有助于预防过敏。

黄桃：黄桃富含膳食纤维、胡萝卜素、维生素 C、多种微量元素等，可以促进食欲、通便润肠、平喘、提高免疫力等。

6~7个月：
辅食，一天 2 次就够了

6~7个月宝宝每周辅食添加计划

上午	6:00	母乳或配方奶 150~200 毫升
	9:00	青菜泥 15~20 克，母乳或配方奶 120 毫升
	12:00	母乳或配方奶 150~200 毫升
下午	15:00	母乳或配方奶 120~150 毫升
	18:00	西红柿苹果汁 20~30 毫升
晚上	21:00	母乳或配方奶 150~200 毫升

 母乳 80%　　　　　　　　　辅食 20%

6~7个月宝宝喂养重点

母乳充足要继续坚持哺乳

这个时期虽然宝宝可以吃一些固体食物，但由于他的消化吸收能力仍然不稳定，所以还是要以奶类为主要的营养来源。如果妈妈的母乳分泌情况仍然很好，还不时感到奶胀，甚至向外溢奶，是非常好的事情。除了添加一些辅食外，没有必要减少宝宝吃母乳的次数，只要宝宝想吃，就给宝宝吃，不要为了给宝宝加辅食而浪费母乳。妈妈也不要因为宝宝已经开始添加辅食，就有意减少母乳。

不要久吃流质辅食

宝宝到了 6 个月以后，口腔的分泌功能日益完善，神经系统和肌肉控制能力也逐渐增强，吞咽活动已经很自如了。这时，可给宝宝吃些稍有硬度的食物，让宝宝有机会去咀嚼。咀嚼可以刺激唾液的分泌，促进牙齿生长，同时促进宝宝神经系统进一步发育。而且，用碗和小勺子吃饭，让宝宝觉得很新奇，对提高宝宝食欲大有益处。

食物品种不要太单一

很多家长自己不喜欢吃的东西，往往很少做，甚至不做，以至于宝宝也没有机会尝试到这类食物。其实，妈妈可以多尝试一些辅食品种，说不定妈妈不爱吃的反而很受宝宝欢迎。爸爸妈妈不妨有空多逛逛菜市场，为找到最适合宝宝的那一款食物努力。

辅食添加量要把握好

很多妈妈给宝宝准备辅食时，都会做很多，担心量小不够宝宝食用，其实有时候宝宝的接受量未必有妈妈想象的那么大，遭到宝宝"无情"的拒绝之后，妈妈会以为是辅食种类的问题，又换了一种。其实，妈妈一开始可以给宝宝少量的辅食，先让宝宝体验一下，看看他的反应，然后再一天天逐渐增量。

母乳喂养的宝宝辅食添加每天不超过 2 次

母乳喂养的宝宝在刚添加辅食时一定要少量添加，最好一天不超过 2 次。哺乳妈妈应该坚持每天母乳喂养 3 次以上，如果不够，再给宝宝添加配方奶，逐渐添加辅食。

已经开始上班的哺乳妈妈，在晚上可以亲自哺乳。白天可以携带消毒奶瓶，定时将乳汁挤出并冷藏储存，供宝宝第二天白天食用。

辅食添加常见问题

❓ 不爱辅食的宝宝，可以放任不喂吗

不爱辅食的宝宝，最晚这个月也要开始吃辅食了。刚开始添加米粉不要调得太稠，要稍微稀一些，每次喂的量要少。如果宝宝吃得少也不要勉强，给他吃饱母乳或配方奶就好。如果宝宝实在不喜欢吃，也可以尝试换换其他品牌的米粉。

❓ 吃了辅食，为什么宝宝体重增长缓慢

宝宝体重增长缓慢一般有三方面的原因，即营养摄入不足、消化吸收不良、慢性疾病的异常消耗。妈妈要谨记：1.5 岁内的宝宝还是应以奶为主食。宝宝辅食中首先要考虑的是宏量营养素的摄入，即蛋白质、脂肪和碳水化合物。如果宝宝经常进食不足或者单一添加一种辅食，很容易导致生长发育缓慢。

❓ 宝宝只吃流食怎么办

宝宝吃稍微浓稠些的食物会出现干呕，说明宝宝还不会吞咽食物。妈妈不要急，这需要慢慢锻炼。喂食最好使用勺子而不是奶瓶，这样有助于宝宝更快地学会吞咽。

❓ 患湿疹的宝宝能继续喂辅食吗

小儿湿疹，俗称"奶癣"，是一种过敏性皮肤病。宝宝湿疹发作大多与饮食有关，建议宝宝的食物中要有丰富的维生素、矿物质和水，而碳水化合物和脂肪要适量。如果宝宝有湿疹症状，妈妈要暂停给宝宝吃可能引发过敏症状的食物。如果情况严重可完全停喂辅食。

还有一种情况是，妈妈吃了哈密瓜、菠萝等热性水果后可能会通过母乳致使宝宝过敏，所以妈妈也要注意尽量不吃易致敏的食物。

? 宝宝腹泻了，吃什么比较好

腹泻是婴幼儿常见疾病。腹泻宝宝的辅食要以软、烂、温、淡为原则，应选择无膳食纤维、低脂肪的食物，例如大米粥、鱼菜泥等软烂的食物就很适合腹泻的宝宝食用。

? 宝宝不喜欢吃米粉，为什么加点青菜就吃

长期吃原味米粉，宝宝可能会厌烦，加上一些蔬菜泥或者肉泥，其味道会更加丰富，宝宝就喜欢吃了。这种情况很正常，就和我们成人一样，再美味的食物天天吃也会厌烦。所以给宝宝做辅食时要注意变换口味，当然每次添加新食物，都需要观察宝宝的情况，并持续1周。

辅食来啦

芹菜煮得烂一些会更好。

跟着视频做辅食

025 芹菜米糊

原料： 芹菜 50 克，米粉适量。

做法： ❶取 1 匙米粉，加入适量温开水，使米粉充分浸润，搅匀。❷将芹菜择洗干净，放入锅中煮熟后切碎，加水榨成泥，调入米粉中拌匀。

营养功效： 此菜有利于宝宝骨骼和牙齿发育，而且芹菜含有一种挥发性物质，能增强宝宝食欲。

026 大米花生汤

原料： 大米 50 克，花生仁 12 粒。

做法： ❶将大米淘洗干净，花生仁与大米一起煮成粥。❷待粥温热不烫后取米粥上的清液 30~40 毫升，喂宝宝即可。

营养功效： 花生仁富含脂肪和蛋白质，还含有丰富的 B 族维生素、维生素 A、维生素 D、维生素 E 和矿物质，可以给宝宝补充营养。

跟着视频做辅食

玉米糁中富含谷氨酸和 B 族维生素，有健脑作用。

跟着视频做辅食

027 小米玉米糁汤

原料： 小米 20 克，玉米糁 30 克。

做法： ❶将小米淘洗干净，备用。❷ 向锅中加入适量水，放入小米、玉米糁同煮成粥，晾温后取上面的汤即可。

营养功效： 小米玉米糁汤中含铁量比大米汤高一倍，尤其适合贫血宝宝食用。

028 疙瘩汤

原料： 面粉 50 克，鱼汤 1 碗，鸡蛋黄 1 个。

做法： ❶将鱼汤倒入锅中煮开。❷面粉中分两次加水，用勺子搅成疙瘩糊，倒入锅中煮熟。❸蛋黄打散，倒入锅中搅散煮熟即可。

营养功效： 使用鱼汤做成的疙瘩汤，富含 DHA、蛋白质、B 族维生素，口感细腻、易于消化吸收，能促进大脑发育，让宝宝更聪明。

跟着视频做辅食

西瓜性凉，腹泻的宝宝不要吃。

跟着视频做辅食

029 西瓜桃子汁

原料： 西瓜瓤 100 克，桃子 1 个。

做法： ❶西瓜瓤切成小块，去掉西瓜子；将桃子洗净，去皮，去核，切成小块。❷将桃子块和西瓜块放入榨汁机中榨汁即可。

营养功效： 西瓜性偏凉，桃子性偏热，两者搭配不仅不会伤害宝宝的脾胃，还会补充充足的铁元素和维生素 C，对宝宝的生长发育有益。

030 菠菜米糊

原料： 米粉 20 克，菠菜 10 克。

做法： ❶向米粉中加适量水，搅成糊。❷将菠菜洗净，用水焯熟后放入榨汁机中，加适量水打成泥，与米粉一起调匀即可。

营养功效： 米糊富含宝宝生长发育所需的营养素，菠菜含有丰富的胡萝卜素、铁、维生素 B_6、钾等，菠菜的加入让米糊的味道更丰富。

跟着视频做辅食

菠菜可以换成其他的青菜，如小白菜、油麦菜等。

031 西红柿苹果汁

西红柿富含维生素 C，苹果富含膳食纤维，两者是非常好的搭配。西红柿苹果汁在补充营养的同时，还能调理肠胃、增强体质、预防贫血。

准备时间： 5 分钟

烹饪时间： 5 分钟

原料：

西红柿 1 个，苹果半个。

营养素：

维生素 C

膳食纤维

西红柿顶部划十字刀，用开水烫后，更容易将西红柿皮去掉。

1 将西红柿洗净，焯烫片刻，剥去皮，切块。

2 将新鲜的苹果去皮、去核，切丁；西红柿切丁。

跟着视频做辅食

3 苹果块与西红柿块放入榨汁机中榨汁，过滤后以 1:2 的比例加温开水调匀即可。

最好不要让宝宝空腹吃西红柿，腹泻的宝宝不要生吃西红柿。

做法都一样

两种或多种蔬菜和水果同时榨汁或熬煮，通过适当的搭配可以在营养和口味方面互补，让宝宝有更好的饮食体验，更加喜欢辅食。

白菜胡萝卜汁：将白菜叶和胡萝卜放在锅里煮软，然后与少量煮菜的水一起放入榨汁机榨成汁，过滤出汁液即可。

莲藕苹果柠檬汁：莲藕切块后煮熟，苹果去皮去核切块，将莲藕块、苹果块放入榨汁机中，兑入适量温开水榨成汁，过滤出汁液，再加几滴柠檬汁即可。

甘蔗荸荠水：将甘蔗段和荸荠块一起放入锅里，加适量水，大火煮沸后撇去浮沫，转小火煮至荸荠全熟，滤汁即可。

032 山药羹

山药中富含蛋白质、B 族维生素、维生素 C、维生素 E、碳水化合物、氨基酸等营养成分，口感温润，含有淀粉酶、多酚氧化酶等物质，有利于脾胃消化吸收功能，非常适合腹泻的宝宝补充营养。

准备时间： 1 小时

烹饪时间： 20 分钟

原料：

山药 30 克，大米 50 克。

营养素：

蛋白质

维生素

可多搅打一段时间，充分打碎山药、大米。

跟着视频做辅食

1 大米淘洗干净，用水浸泡 1 小时。

2 山药去皮洗净，切块。

3 将大米和山药块一起放入榨汁机中，加适量温开水打成汁。

4 向锅中倒入山药大米汁搅拌，用小火煮熟至羹状即可。

新鲜山药的黏液容易导致皮肤过敏，所以一定要做熟后再给宝宝食用。

做法都一样

除了山药外，还有很多蔬菜和水果可以与大米熬煮成粥作为宝宝的辅食。但是在 7 个月前，宝宝的咀嚼能力还不健全，所以最好还是将食材做成羹状。

紫薯：紫薯的营养价值很高，可以通便，但是比红薯难消化，所以做辅食时一定要碾碎。不建议消化不良的宝宝食用。

胡萝卜：胡萝卜颜色鲜艳，营养丰富，但味道较大，与大米一起食用可以淡化胡萝卜的味道，更容易被宝宝接受。

栗子：宝宝口舌生疮的时候吃少量的栗子可以缓解，但是栗子不易消化，宝宝的肠胃还未发育完全，一定不要多吃。

033 西蓝花奶羹

原料： 西蓝花 50 克，配方奶 50 毫升。

做法： ❶西蓝花浸泡洗净，掰小朵，煮软。❷加入适量温开水，用榨汁机榨汁。❸将西蓝花汁倒入锅中，加入调好的配方奶一起煮至黏稠即可。

营养功效： 此羹可以为宝宝补充各种营养。

跟着视频做辅食

跟着视频做辅食

034 南瓜土豆泥

原料： 南瓜 50 克，土豆 50 克。

做法： ❶土豆、南瓜分别去皮，切丁。❷将土豆丁、南瓜丁放蒸锅蒸熟，压成泥。❸在南瓜土豆泥中加入适量温开水，搅拌均匀即可。

营养功效： 土豆中的淀粉可促进宝宝的生长发育。

035 鸡汤南瓜泥

原料： 南瓜 50 克，鸡汤适量。

做法： ❶南瓜去皮，洗净后切成丁。❷将南瓜丁装盘，放入锅中，加盖隔水蒸 10 分钟。❸取出蒸好的南瓜，倒入碗内，并加入热鸡汤，用勺子压成泥。

营养功效： 鸡汤味道鲜美，让宝宝更易接受辅食。

跟着视频做辅食

跟着视频做辅食

036 红薯红枣羹

原料： 红薯 20 克，红枣 4 颗。

做法： ❶红薯去皮，切块；红枣切块、去核。❷红薯块、红枣块放入碗中隔水蒸熟。❸将蒸熟后的红枣去皮，加入温开水与红薯块捣成泥即可。

营养功效： 羹中的膳食纤维有助于促进消化。

037 香蕉糊

原料: 香蕉 1 根。

做法: ❶香蕉去皮、切块。❷将切好的香蕉块放入榨汁机打成糊即可。

营养功效: 香蕉富含膳食纤维,可刺激肠胃蠕动。

跟着视频做辅食

建议选用鳕鱼、三文鱼等鱼刺较少的深海鱼。

038 鱼肉泥

原料: 鱼肉 50 克。

做法: ❶鱼肉洗净后去皮,去刺。❷放入盘内,上蒸锅蒸熟,将鱼肉捣烂即可。

营养功效: 鱼肉的蛋白质含有人体所需的多种氨基酸,几乎能全部被吸收,尤其适合宝宝食用。

039 土豆苹果糊

原料: 土豆半个,苹果半个。

做法: ❶苹果去皮,去核,用搅拌机粉碎成泥状,过滤取果肉备用。❷土豆去皮,蒸熟后捣成土豆泥。❸将苹果果肉倒入土豆泥中,加适量温开水拌匀。

营养功效: 土豆和苹果搭配食用更美味。

跟着视频做辅食

跟着视频做辅食

040 青菜面

原料: 宝宝面条 20 克,青菜适量。

做法: ❶将宝宝面条掰成段,放入沸水中煮软。❷青菜择洗干净后切碎,放入锅中与宝宝面条段同煮至熟即可。

营养功效: 青菜含丰富的维生素和矿物质。

7~8 个月：
可以吃蛋黄了

7~8个月宝宝每周辅食添加计划

	时间	内容
上午	6:00	母乳或配方奶 150~200 毫升
	9:00	蛋黄 1/8 个，母乳或配方奶 120 毫升
	12:00	苹果玉米羹 40~60 克
下午	15:00	母乳或配方奶 120~150 毫升
	18:00	香蕉粥 40~60 克
晚上	21:00	母乳或配方奶 200~250 毫升

母乳 70%　　　　辅食 30%

7~8个月宝宝喂养重点

宝宝长牙了，别缺钙

一般来说，6~9个月是宝宝乳牙萌出的主要时间段。有些宝宝发育早，5个月的时候就开始长牙了。充足的钙可以使宝宝的乳牙快快生长，而且坚硬。除此之外，钙的供给还有利于宝宝骨骼发育。这个月的宝宝比以前活泼了许多，足量的钙可以降低神经系统的兴奋性，使宝宝情绪稳定。

通常情况下，7~8个月的宝宝体内的钙量会从刚出生时的25克左右慢慢增长到75克，此阶段的宝宝每日补钙量在350毫克左右即可。每天早、晚喝配方奶各250毫升，可补钙约500毫克；哺乳妈妈可多吃含钙丰富的食物，如鱼、虾等。如果含钙食品补充足够，基本不需要补充钙剂。

宝宝的食物不宜太精细

妈妈总担心宝宝不消化，所以给宝宝做的食物尽可能地精细。其实，妈妈走进了误区。成年人的饮食还讲究粗细搭配呢，宝宝的饮食也是如此。

而且到了7个月以后，大部分宝宝已经开始出牙，在辅食的种类上可以开始增加一些有颗粒感的食物，如软烂的谷物，配上鱼肉或肝泥，以及碎菜或胡萝卜泥等做成的辅食。

鸡蛋黄的做法、喂法及添加注意事项

蛋黄的做法及喂法

将新鲜的鸡蛋煮熟，去掉蛋清，取蛋黄加入适量温开水或配方奶后捣成泥状给宝宝喂食。

开始时只给宝宝喂食1/8个蛋黄，且密切观察宝宝的大便情况，如果宝宝出现腹泻、消化不良等症状应立刻暂停，若一切正常，可逐渐增加喂食量，从1/8到1/4，从1/4到1/2，直至可以进食整个蛋黄。

注意事项

蛋黄一定要煮熟煮透，未煮熟或没有变成固体的蛋黄，不如煮熟的蛋黄易于宝宝吸收。

不要将生蛋黄调入奶中喂食宝宝，生鸡蛋中的大肠杆菌容易造成宝宝腹泻。

补充维生素C可提高铁的吸收率，可以在给宝宝喂食蛋黄时加几滴橘汁。

蛋黄颗粒易堵塞奶嘴，因此不要把蛋黄加入奶瓶中，最好用小勺喂食。

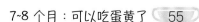

辅食添加常见问题

？ 宝宝第一次吃蛋黄就吐了，还能吃吗

在宝宝满 8 个月时添加蛋黄比较合适，而脾胃弱、消化差、有过敏史的宝宝要满 10 个月后再吃蛋黄。宝宝出现呕吐、腹泻、红疹等过敏症状，需停止喂食蛋黄至少 3 个月，并及时就医。

鸡蛋煮熟后，不建议把蛋黄直接喂给宝宝。因为宝宝的主食是奶，添加辅食后吃的都是流质食物和泥糊状食物，蛋黄比较干，宝宝容易有抵触心理，且宝宝直接吃蛋黄容易被呛到，有一定的风险。建议将蛋黄用温开水搅拌一下，调成均匀的蛋黄泥。

？ 哪些症状提示宝宝可能对食物过敏

有些宝宝自从添加辅食后就开始闹毛病，可能是对辅食过敏。除了大家熟知的一些明显过敏症状，例如腹泻、呕吐、出皮疹等，流鼻涕、咳嗽等。也要留意宝宝是否有以下症状。

呼吸道症状：流鼻涕、打喷嚏、持续咳嗽、气喘、鼻塞、流泪、结膜充血等。

皮肤症状：荨麻疹、皮肤干痒、眼皮肿、嘴唇肿、手脚肿等。

消化道症状：腹泻、便秘、胀气、呕吐、腹痛、肛周皮疹等。

？ 为什么宝宝大便中会出现很多食物颗粒

出现这种情况的话，说明食物的性状不太适合宝宝。一方面是因为宝宝的肠胃功能尚不成熟，还不足以将其完全消化；另一方面，宝宝的咀嚼能力欠佳，没有将食物充分研磨。建议将固体食物颗粒制作得再稍微细小一些，颗粒状食物添加的量从少到多，给宝宝足够的时间来适应。

？ 宝宝不爱吃辅食怎么办

一些妈妈认为宝宝喜欢吃某种食物，就总是做给他吃，宝宝却吃得越来越少，妈妈就误认为宝宝不爱吃辅食。其实，妈妈变着花样做辅食就可以增进宝宝的食欲，如果宝宝还是对进食没什么兴趣，也可以选择颜色鲜艳的餐具来吸引宝宝的注意力。

？ 为什么宝宝不爱吃肝泥

动物肝脏的味道不太好，宝宝起初可能不太容易接受。不过我们可以想办法把肝泥做得好吃一些。挑选新鲜的动物肝脏，一次不用买太多。因为宝宝每周吃一次肝泥就可以了，而肝脏又容易变质，不易保存。在制作时，将少量花椒粒放在水中，然后放入肝脏，浸泡30分钟，可以有效除去肝脏的异味，或是用刀背敲一下肝脏，让筋膜自然分离，取出筋膜，腥气就会减轻。另外，可以搭配宝宝喜欢吃的食物进行烹饪，这样他就更容易接受肝泥了。

？ 如何让宝宝习惯吃勺子里的食物

首先，准备一把适合宝宝的勺子，如宝宝专用的硅胶软头勺，这种小勺跟奶嘴的质地相似，更容易被宝宝接受。其次，让宝宝对勺子熟悉起来。可以先用小勺子盛上一些乳汁或水喂给宝宝，让他习惯用勺子喝奶、喝水，之后再用勺子喂辅食，就会比较容易。

辅食来啦

香蕉吃多了会引起消化不良。

跟着视频做辅食

041 香蕉粥

原料： 大米 25 克，香蕉 1/3 根。

做法： ❶大米洗净，用水浸泡 30 分钟；香蕉去皮，切片。❷大米放入锅中煮至米烂汤稠。❸出锅前，放入香蕉片即可。

营养功效： 香蕉入粥，可去火润肠，又可减退香蕉的寒性，适合便秘的宝宝食用。

042 紫菜蛋花汤

原料： 紫菜 10 克，鸡蛋 1 个。

做法： ❶紫菜洗净，切末；鸡蛋取蛋黄打散。❷锅内加水煮沸后，淋入鸡蛋黄液，下紫菜末，煮 2 分钟即可。

营养功效： 紫菜富含蛋白质、维生素等营养物质，其蛋白质含量与大豆差不多，维生素 A 约为牛奶的 67 倍，能有效提高宝宝的免疫力。

跟着视频做辅食

跟着视频做辅食

043 荷叶绿豆汤

原料： 干荷叶碎 5 克，绿豆 30 克。

做法： ❶将绿豆、荷叶碎放入砂锅中加水煮到绿豆开花，晾凉后取汤饮用。

营养功效： 绿豆中蛋白质的含量是大米的 3 倍，钙、磷、铁等矿物质的含量也比大米多。荷叶绿豆汤口感清润，尤其适合食欲不佳的宝宝食用。

044 芒果椰子汁

原料: 芒果 1 个,椰子汁 50 克。

做法: ❶将芒果洗净,去皮,去核。❷将芒果肉与适量的温开水一起放入榨汁机榨汁。❸将芒果汁过筛,兑入等量的椰子汁即可。

营养功效: 椰子汁被称为"植物牛奶",可促进宝宝的生长发育,增强宝宝的抵抗力。芒果含有大量植物蛋白及多种氨基酸和锌、钙、铁等微量元素。

芒果是比较容易过敏的食物之一,添加芒果的时候需要多观察宝宝的反应。

跟着视频做辅食

045 苹果芹菜汁

原料: 苹果半个,芹菜 50 克。

做法: ❶将芹菜洗净切成小段。❷苹果洗净,去皮,去核,切块。❸将芹菜段、苹果块放入榨汁机中,加适量温开水,榨汁即可。

营养功效: 苹果和芹菜中都含有较多的膳食纤维,可以促进消化吸收。

跟着视频做辅食

046 蛋黄鱼泥羹

蛋黄的营养丰富，可以补充奶类中较为匮乏的铁，还能促进宝宝大脑发育，而且其中的营养成分容易被吸收。鱼肉中的牛磺酸可抑制胆固醇合成，促进宝宝视力的发育。

准备时间： 5 分钟

烹饪时间： 20 分钟

原料：

鱼肉 30 克，鸡蛋 1 个。

营养素：

蛋白质

DHA（二十二碳六稀酸）

牛磺酸

铁

宝宝第 1 次吃鸡蛋，先从尝试 1/8 个蛋黄开始，以防过敏。

1 鸡蛋洗净，放入锅中加水煮熟。

2 取 1/8 个熟蛋黄，用勺子压成泥，备用。

跟着视频做辅食

3 鱼肉放碗中，上锅蒸 15 分钟，剔除皮、刺，用小勺压成泥状。

4 鱼肉泥中加入温开水、熟蛋黄泥，搅拌均匀即可。

剥鱼肉的时候用刀或是勺子把鱼肉慢慢刮下来，可以避免鱼刺残留。

做法都一样

蛋黄比较干，宝宝单独吃可能会引起抗拒，如果与其他食材一起加工后再食用，不仅可以让食物更容易吞咽，还可以让营养更均衡。

豌豆蛋黄糊：豌豆、大米各 20 克，鸡蛋 1 个。豌豆煮烂，压成泥。鸡蛋煮熟，取 1/8 个蛋黄，压成泥。将大米和豌豆泥加入蛋黄泥即可。

蛋黄玉米泥：鸡蛋 1 个，玉米粒 20 克。鸡蛋煮熟，取 1/8 个蛋黄，压成泥；玉米粒用搅拌器打成蓉。入锅中，转大火并不停地搅拌，直至煮沸即可。

香蕉蛋黄糊：将半根香蕉和 1/8 个熟蛋黄分别用勺子压成泥，然后加适量温开水，调成糊状，放在锅中煮 2 分钟即可。

047 西红柿鸡肝泥

原料： 西红柿半个，鸡肝 30 克。

做法： ❶鸡肝用水浸泡 30 分钟后，放入冷水锅中，煮熟，切成末。❷西红柿洗净，放在开水中煮 2 分钟，捞出后去皮。❸将去皮后的西红柿放入碗中，捣烂。❹倒入鸡肝末，搅拌成泥糊状即可。

营养功效： 鸡肝富含铁和维生素 A，且鲜嫩可口，是宝宝补铁的佳选。

跟着视频做辅食

跟着视频做辅食

048 红薯红枣蛋黄泥

原料： 红薯 50 克，红枣 4 个，熟鸡蛋黄 1/4 个。

做法： ❶将红薯洗净去皮，切块；红枣洗净去核，切成碎末。❷将红薯块、红枣末放入碗内，隔水蒸熟。❸将蒸熟后的红薯、红枣以及熟鸡蛋黄加适量温开水捣成泥，调匀即可。

营养功效： 红薯中赖氨酸和精氨酸含量都较高，可提高宝宝的抵抗力。红枣富含铁，可防治贫血。

049 菠菜猪肝泥

原料： 猪肝 10 克，菠菜 15 克。

做法： ❶猪肝洗净，除去筋膜，用刀或边缘锋利的勺子刮成泥。❷菠菜选择较嫩的叶子，在开水里焯烫 2 分钟，捞出来切成碎末。❸把猪肝泥和菠菜末放入锅中，加清水，用小火煮，边煮边搅拌，直到猪肝泥熟烂为止。

营养功效： 可预防宝宝贫血，增强免疫力。

菠菜末用勺子压软后再喂给宝宝吃。

跟着视频做辅食

050 葡萄干土豆泥

原料： 土豆 50 克，葡萄干 10 克。

做法： ❶葡萄干用温水泡软，切碎。❷土豆洗净，蒸熟后去皮，碾成土豆泥，备用。❸锅烧热，加适量水煮沸，放入土豆泥、葡萄干碎，转小火煮 3 分钟，出锅后晾温即可。

营养功效： 土豆泥制作方便，还是最不容易过敏的食物之一，适合宝宝吃。葡萄干是缺铁性贫血宝宝的食补佳品。

土豆加配方奶后碾成泥，口感更细腻。

跟着视频做辅食

051 茄子泥

原料： 嫩茄子 40 克，芝麻酱适量。

做法： ❶嫩茄子洗净后切成细条，隔水蒸 10 分钟左右。❷把蒸烂的茄子去皮，捣成泥，加入适量调制好的芝麻酱拌匀即可。

营养功效： 茄子的营养价值很丰富，含有多种维生素以及钙、磷、铁等矿物质。芝麻酱是高钙食物，对宝宝骨骼发育有益。

跟着视频做辅食

052 肝末鸡蛋羹

原料： 鸡蛋 1 个，猪肝 10 克。

做法： ❶猪肝煮熟后切碎，备用。❷鸡蛋取 1/4 个蛋黄，加适量温水打匀，放入猪肝碎搅匀，上火蒸 7 分钟左右即可。

营养功效： 猪肝含有丰富的人体容易吸收的铁元素，对宝宝来说是一种很好的补血食物，和蛋黄一起食用，既能预防贫血，又能促进宝宝大脑发育。

跟着视频做辅食

053 蛋黄布丁

　　配方奶的味道是宝宝熟悉和喜爱的,加入蛋黄做成布丁,可以补充铁、钙、钾等多种宝宝发育所需的营养,营养更丰富。

准备时间: 5 分钟

烹饪时间: 30 分钟

原料:

鸡蛋黄 1 个, 配方奶 80 毫升。

营养素:

钙

铁

蛋奶液倒至八分满即可,以防蒸制过程中溢出。

跟着视频做辅食

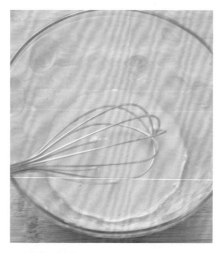

1 鸡蛋黄放入碗内, 搅打成蛋黄液。

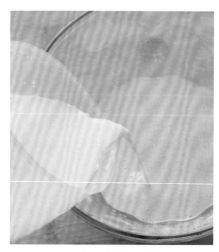

2 把配方奶缓缓倒入蛋黄液中拌匀。

3 放入锅中蒸熟即可。

布丁液最好过滤一下，口感会更细腻。

做法都一样

添加的辅食，宝宝是否爱吃取决于食物的颜色和造型，他们会倾向于选择颜色鲜艳造型可爱的食物。

黄桃笑脸布丁：在普通布丁上摆一圈黄桃果碎，再用胡萝卜摆上眼睛和嘴，一个童趣感十足的笑脸布丁就完成了，相信宝宝会被这奇特的造型所吸引。

杨桃布丁：在普通布丁的原材料中加入杨桃果汁，搅拌均匀后再蒸熟，倒入事先准备好的模具中，晾凉之后取出，便是清新、透亮的杨桃布丁。

巧克力小熊布丁：布丁取出后，倒扣在盘子中，用巧克力粉和小熊印花模具印出可爱的小熊形象，四周再围上营养丰富的猕猴桃切片装饰即可。

054 苹果玉米羹

原料： 苹果半个，玉米1根。

做法： ❶苹果洗净，去核、去皮，切丁；玉米煮熟，玉米粒掰到碗里。❷玉米粒加适量白开水放入榨汁机中打成汁。❸把玉米汁、苹果丁放入汤锅中，大火煮开，再转小火煲20分钟即可。

营养功效： 玉米含有较多的谷氨酸，可促进脑细胞的新陈代谢。苹果则富含维生素、矿物质等。

食用苹果丁时一定要小心，不要让苹果丁呛入宝宝的气管。

055 青菜玉米糊

原料： 青菜50克，玉米面30克。

做法： ❶青菜洗净，焯熟，晾凉后切碎并捣成泥。❷玉米面用凉开水稀释，一边加水一边搅拌，调成糊状。❸水烧开，边搅拌边倒入玉米糊。❹水滚开后，改为小火熬煮，玉米面煮熟后放入青菜泥调匀即可。

营养功效： 玉米中的维生素 B_6、烟酸等成分可刺激胃肠蠕动。

跟着视频做辅食

056 冬瓜粥

原料: 大米 50 克, 冬瓜 20 克。

做法: ❶大米淘洗干净; 冬瓜洗净, 去皮, 切成小丁。 ❷锅中加水, 放入洗好的大米煮成粥, 放入冬瓜丁熬煮成粥即可。

营养功效: 冬瓜含有蛋白质、维生素 C、胡萝卜素、膳食纤维和钙、磷、铁等营养成分, 且钾盐高、钠盐低。可清热解毒、利尿去火, 适宜宝宝夏天食用。

跟着视频做辅食

小米适合肠胃功能较弱的宝宝。

跟着视频做辅食

057 小米南瓜粥

原料: 小米 50 克, 南瓜 20 克。

做法: ❶南瓜去皮去子, 切成小块。❷南瓜块和小米一起放入锅中, 加水, 大火煮沸后转小火煮至小米和南瓜块软烂即可。

营养功效: 小米中的 B 族维生素含量在粮食排行中名列前茅, 而且有养胃的功效, 南瓜富含胡萝卜素、钙、铁等, 可促进宝宝的视力和骨骼发育。

058 苹果薯团

原料: 红薯 50 克, 苹果半个。

做法: ❶红薯去皮, 切块蒸熟, 压成泥状。❷苹果去皮去核, 切块放入榨汁机中打成泥状, 过滤, 取果肉。❸将红薯泥和苹果肉泥混匀做成球形, 给宝宝喂食。

营养功效: 苹果和红薯都富含膳食纤维, 有助于宝宝肠胃蠕动, 促进排便。苹果富含锌和维生素, 对宝宝智力发育有好处。

跟着视频做辅食

059 白菜烂面条

白菜含有丰富的维生素 C、维生素 E，经常吃白菜，能增强皮肤的抗损伤能力，可以起到很好的护肤和养颜效果，但是不要多吃或只吃白菜。另外，在给月龄小一点的宝宝吃白菜的时候一定要剁碎。

准备时间： 5 分钟

烹饪时间： 10 分钟

原料：

宝宝面条 30 克，白菜 25 克。

营养素：

维生素 C

维生素 E

白菜先烫根部，根部熟软后再烫叶部，可更多地保留维生素。

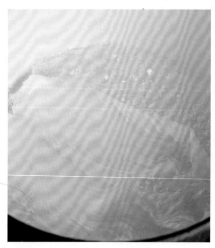

1 将白菜洗净后用热水焯一下。

2 白菜捞出晾凉后切碎。

跟着视频做辅食

3 将宝宝面条掰碎，放入锅中，煮软。放入白菜碎，煮熟即可。

五颜六色的面条会
让宝宝食欲大开。

做法都一样

7~8 月的宝宝已经可以吃一些面条了，能够用来煮面条的菜很多，妈妈可以根据时节和宝宝的情况自行筛选。

鸡毛菜：鸡毛菜是蔬菜中含矿物质和维生素相对丰富的菜。鸡毛菜所含的钙、维生素 C、胡萝卜素也比其他蔬菜高。

西红柿：西红柿的营养丰富，生吃能补充维生素 C，熟吃能补充抗氧化剂，可以适量给宝宝吃，但最好不要空腹吃，如果宝宝有胃寒、腹泻，最好不要生吃，熟吃也一定要适量，一次不要吃过多。

香菇：香菇是一种高蛋白、低脂肪、多糖类、含多种氨基酸和多种维生素的菌类菜品，用来煮面条可以提味。给宝宝食用时注意要切碎。

8~9个月：
爱上小面条

8~9个月宝宝每周辅食添加计划

上午	6:00	母乳或配方奶 150~200 毫升
	9:00	鲆鱼泥 15~20 克，母乳或配方奶 120 毫升
	12:00	苋菜粥 40~60 克
下午	15:00	南瓜鸡汤土豆泥 20 克，母乳或配方奶 120~150 毫升
	18:00	芝麻米糊 30 克，配方奶绿豆沙 20 克
晚上	21:00	母乳或配方奶 150~200 毫升

母乳 65%	辅食 35%

8~9个月宝宝喂养重点

在辅食中添加适量膳食纤维

这个月龄的宝宝已经长牙，有了咀嚼能力，妈妈可以给宝宝增加富含膳食纤维的食物和硬质食物。给宝宝吃一些硬质食物对宝宝牙齿的发育非常有利，也能锻炼他的消化系统。平时还可以选择膳食纤维多的蔬菜，设法切成宝宝容易入口的大小。

先吃鱼泥，再吃肉泥

肉类食物可分为白肉和红肉。白肉指的是鱼肉、鸡肉、鸭肉等，烹饪前以白色为主；红肉是指猪肉、牛肉、羊肉等，烹饪前以红色为主。

鱼肉中的水分较多，肉质细嫩，且鱼肉中的蛋白质含量高，氨基酸的组成与人体蛋白质的组成很相似，更容易被人体吸收。所以，给宝宝添加辅食的时候，要先吃鱼泥，再吃肉泥。

除了鱼肉，鸡肉也是比较好消化的肉类食物，且鸡肉的脂肪含量相对较少，不容易引起肥胖。在宝宝能够适应鱼泥、鸡肉泥后，可以给宝宝少量添加一些猪肉泥，然后是牛肉泥，循序渐进地为宝宝添加肉类辅食。

每天都让宝宝吃些水果

水果中含有类胡萝卜素，有抗氧化的功能，还含有丰富的维生素、不饱和脂肪酸、花青素，这些都是宝宝体内不能缺少的营养素，所以宝宝每天都离不开水果。对宝宝来说，新鲜的时令水果是最好的选择，如春天的草莓、樱桃；夏天的西瓜、西红柿、桃；秋天的葡萄、苹果、梨、橘子；冬天的香蕉、橙子等。刚开始最好给宝宝选择性质温和的苹果和橘子。

食物味道是成人的 1/10

有的父母担心辅食中没有盐、味精或者其他调料，宝宝会觉得没味道而不爱吃，其实宝宝对盐等调料的敏感度远远高于成人。所以，宝宝辅食的味道只需要成人的 1/10 就足够了，而辣椒、大料、小茴香等刺激性调料更是不能吃的。

彩色的宝宝面条会让宝宝喜欢上吃辅食。

辅食添加常见问题

? 宝宝不爱喝粥怎么办

考虑到宝宝对辅食的适应情况，可以过几天再喂给宝宝吃。因为很多宝宝暂时不爱吃的食物，过几天后就变得爱吃了。如果宝宝依然不肯吃，家长可以放些宝宝喜欢的蔬菜、肉一起煮，让宝宝更容易接受。

? 宝宝不爱喝水怎么办

宝宝不爱喝水，可在每顿饭中都为宝宝制作一份可口的汤来补充水分，而且还富含营养。也可以换一种形式或换一个时间再喂，或时常给宝宝喝点水，积少成多，也可以达到补充水分的目的。需要注意的是不要强迫宝宝喝水，以免引起他对水的反感。

? 宝宝吃辅食的量每天都不一样，会有问题吗

　　每个人每天的饭量都是不一样的，即使是大人，每天的饮食量也会有所不同。这个时期的宝宝在吃辅食的同时还会喝母乳或配方奶，也会影响到辅食的摄入量。妈妈应根据宝宝当天的食欲、消化程度、身体活动程度来分别对待，只要宝宝每次的辅食摄入量不低于 30 克，就不用担心。

? 宝宝天天吃鸡蛋怎么还是瘦呢

　　有的妈妈希望自己的宝宝长得健壮，所以每餐都给宝宝吃鸡蛋，煎、煮、蒸轮番上阵，几天下来，宝宝非但没有因多吃鸡蛋而长得更加健壮，反而出现了消化不良性腹泻，变瘦了。因为婴幼儿胃肠道消化功能尚未成熟，各种消化酶分泌较少，过多地吃鸡蛋，会增加宝宝胃肠负担，甚至引起消化不良性腹泻。所以吃鸡蛋应讲究适量，1 岁内的宝宝最好只喂蛋黄，每天不超过 1 个。

? 宝宝很胖，需要控制饮食吗

　　对于体重严重超标的宝宝，一定要适当控制饮食，可以根据体重正常宝宝的饮食进行调整。每天的奶量要减少，每顿饭可多吃些蔬菜，尽量减少脂肪高的食物。

　　同时，要增加宝宝的活动量，多带宝宝到户外活动。如果宝宝饭前口渴，可以先让他喝一些白开水或热汤，但要休息片刻后再让宝宝吃饭，以免影响胃的消化能力。

? 饭后给宝宝喝点水，有助于消化吗

　　无论是饭前、饭中或是饭后，喝水都是不符合健康原则的。因为牙齿咀嚼食物时，嘴里就会分泌出大量的唾液，胃里也会分泌大量的消化液，这些消化液可帮助消化。如果此时给宝宝喝水，就会将消化液稀释，影响消化。

辅食来啦

绿豆是夏天饮食中的上品。

跟着视频做辅食

060 配方奶绿豆沙

原料：绿豆 50 克，配方奶 100 毫升。

做法：❶绿豆浸泡 1 小时，放入锅中加水煮熟。❷将煮熟的绿豆放到榨汁机中，加入配方奶搅打均匀即可。

营养功效：绿豆清热解毒，是夏天里的一道美味辅食，补充营养的同时能提升食欲，消暑解热。

061 鸡肉西红柿汤

原料：鸡胸肉 50 克，西红柿 1 个。

做法：❶鸡胸肉洗净，切块；西红柿去皮后切成块。❷锅中加水煮沸，加入鸡胸肉块和西红柿块后再次煮沸即可。

营养功效：鸡肉中蛋白质和氨基酸的含量十分丰富，可弥补宝宝饮食中营养摄入不足的问题。

跟着视频做辅食

鲆鱼肉质鲜嫩，不要蒸太久。

062 鲆鱼泥

原料：鲆鱼肉 30 克。

做法：❶将鲆鱼肉洗净，加水清炖 15~20 分钟，熟透后剔净皮和刺，用小勺压成泥状即可。

营养功效：鲆鱼肉中富含不饱和脂肪酸，胆固醇含量也低于其他动物性食品。

063 鱼菜泥

原料: 鱼肉 25 克, 青菜 30 克。

做法: ❶将青菜、鱼肉洗净后, 分别剁成碎末放入锅中蒸熟。 ❷将蒸好的青菜末和鱼肉末调入适量白开水, 搅匀即可。

营养功效: 鱼菜泥既含有鱼肉的蛋白质, 又含有青菜的维生素, 不但可以促进宝宝的脑部发育, 还可以提高宝宝的免疫力, 让宝宝聪明又健康。

根据季节可以放入不同的时令蔬菜, 营养更全面。

跟着视频做辅食

064 南瓜鸡汤土豆泥

原料: 南瓜 50 克, 土豆半个, 鸡汤适量。

做法: ❶土豆、南瓜分别去皮切小块。❷土豆块、南瓜块放蒸锅蒸熟, 压成泥。❸在南瓜土豆泥中加入适量鸡汤搅拌均匀。

营养功效: 南瓜富含氨基酸、胡萝卜素、铁、锌等营养成分, 可促进宝宝的生长发育。鸡汤富含钙、铁等营养物质, 是宝宝补充营养的好选择。

065 鱼肉粥

原料: 大米 30 克, 鱼肉 50 克。

做法: ❶鱼肉洗净去刺, 剁碎; 大米淘洗干净。❷将大米放入锅中煮成粥, 煮熟时加入鱼泥煮10 分钟即可。

营养功效: 鱼肉可促进宝宝视力的发育, 另外, 鱼肉中富含 DHA, 可以促进宝宝的智力发育。

一定要剔干净鱼刺, 以防卡到宝宝。

跟着视频做辅食

066 鸡蛋面片汤

面片含碳水化合物和蛋白质两大营养素，前者主要提供宝宝活动所需的能量，后者是宝宝生长发育的基础。

准备时间： 5 分钟

烹饪时间： 20 分钟

原料：

生蛋黄 1 个，青菜 20 克，

面粉 20 克。

营养素：

蛋白质

碳水化合物

维生素 C

面团要擀得薄一些，
这样更容易煮软烂。

跟着视频做辅食

1 将面粉放在大碗中，蛋黄打散，倒入面粉中。

2 加适量水，揉成面团。

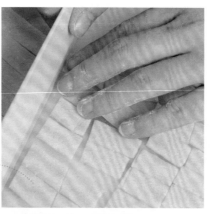

3 将揉好的面团擀薄，切成小片。

4 青菜择洗干净，切碎。

5 锅中加入适量的水，烧开后放面片。

6 面片将熟时，放入切碎的青菜略煮即可。

青菜含有丰富的膳食纤维，和面片一起煮食，还能丰富辅食的口感。

做法都一样

与面条一样，用来配面片的蔬菜也可以有很多种，妈妈可以根据宝宝的饮食倾向对配菜进行调整，以免宝宝偏食。

芦笋：芦笋的营养丰富，可以给8个月后的宝宝吃，如果宝宝有消化问题，那么最好就不要再喂宝宝吃芦笋了。

洋葱：洋葱被誉为"菜中皇后"，含有蛋白质、钙、磷、维生素C、胡萝卜素，对宝宝身体发育有好处，但一次不宜食用过多。

西葫芦：西葫芦营养丰富又易消化吸收，做成辅食给宝宝是可以的，喂食时要注意做成泥或丁。

067 肉蛋羹

原料：猪里脊肉 20 克，鸡蛋 1 个。

做法：❶猪里脊肉洗净，剁成泥。❷鸡蛋取鸡蛋黄，加入等量的凉开水搅打均匀。❸再加入猪肉泥，朝一个方向搅匀。❹上锅蒸 15 分钟，取出放至温热即可。

营养功效：猪肉、鸡蛋都是人体摄取蛋白质的主要食物来源，肉蛋羹质软味美，营养丰富，可以促进宝宝生长发育。

跟着视频做辅食

鸡胸肉味道清淡，不爱吃肉的宝宝也容易接受。

跟着视频做辅食

068 鸡肉粥

原料：大米 20 克，鸡胸肉 30 克。

做法：❶将大米淘洗干净；把鸡胸肉煮熟后撕成细丝，并剁成肉泥。❷将大米放入锅内，加水慢煮成粥。❸煮到大米完全熟烂后，放入鸡肉泥再煮 3 分钟即可。

营养功效：鸡肉粥富含蛋白质、维生素、矿物质等，可以促进大脑、神经系统正常发育。

069 胡萝卜肉末羹

原料：胡萝卜半根，肉末 20 克。

做法：❶将胡萝卜洗净，去皮、切块后放入搅拌机中搅打成泥。❷肉末放入胡萝卜泥中，拌匀，上锅蒸熟即可。

营养功效：胡萝卜含有胡萝卜素、蛋白质、钙、磷、铁、核黄素、维生素 C 等多种营养成分，与肉末、鸡蛋搭配食用，可保护视力，促进宝宝生长发育。

跟着视频做辅食

宝宝在食用核桃时要将核桃碾碎，或捣成泥再喂食。

070 黑芝麻核桃糊

原料：黑芝麻 30 克，核桃仁 30 克。

1 将黑芝麻去杂质，入锅，小火炒熟出香。

2 炒好的黑芝麻趁热研成细末。

3 将核桃仁研成细末，与黑芝麻末充分混匀。

4 用沸水冲调成黏稠状，稍凉后即可服食。

跟着视频做辅食

071 小米芹菜粥

原料：小米 50 克，芹菜 30 克。

做法：❶小米洗净，加水放入锅中，熬成粥。❷芹菜洗净，切成丁，在小米粥煮熟时放入，再煮 3 分钟即可。

营养功效：小米含有多种维生素、氨基酸等人体所必需的营养物质，对维持宝宝神经系统的发育起着重要的作用。芹菜可以预防宝宝便秘。

跟着视频做辅食

烘焙大米时应不停翻炒，防止食材炒焦。

跟着视频做辅食

072 芝麻米糊

原料：大米 100 克，白芝麻 30 克。

做法：❶大米放入平底煎锅，小火烘焙约 5 分钟，不停翻炒保证大米均匀受热，加入白芝麻同炒 1 分钟。❷大米和白芝麻放入粉碎机中，打成芝麻米粉，过筛。❸将芝麻米粉放入锅中，加清水，大火烧沸后小火熬煮 20 分钟，制成芝麻米糊。

营养功效：白芝麻中含有丰富的脂肪、蛋白质、维生素，可提高宝宝食欲。

073 苋菜粥

原料：苋菜 3 棵，大米 50 克。

做法：❶将苋菜择洗干净，切碎。❷大米淘洗干净，放入锅内，加适量水，煮至粥成时，加苋菜碎，再煮半分钟即可。

营养功效：苋菜富含宝宝容易吸收的钙，对宝宝牙齿和骨骼生长有利；还含有丰富的铁和维生素 K，适合缺铁性贫血的宝宝食用。

跟着视频做辅食

丝瓜虾皮粥的味道比较浓郁，如果宝宝一时接受不了，妈妈也不要着急。

074 丝瓜虾皮粥

原料： 丝瓜半根，大米 40 克，虾皮、葱花各适量。

做法： ❶丝瓜洗净，去皮，切成小块；大米淘洗干净，用水浸泡 1 小时。❷大米倒入锅中，加水煮成粥，将熟时，加入丝瓜块和虾皮同煮，煮熟后撒入葱花即可。

营养功效： 丝瓜味甘性凉，能清热、凉血、解毒，与大米同煮成粥，有清热、化痰止咳作用，对治疗宝宝咳嗽或咽喉肿痛有一定效果。

跟着视频做辅食

075 虾仁豆腐

原料： 豆腐 50 克，虾仁 5 个。

做法： ❶豆腐洗净、切丁；虾仁去虾线，洗净、切丁。❷清水烧开，放豆腐丁煮熟，再放入虾仁丁煮熟即可。❸用勺子将豆腐压碎喂给宝宝。

营养功效： 虾含有丰富的蛋白质，还含有丰富的矿物质，如镁、钙、磷、铁等。豆腐中也富含钙，可促进骨骼和牙齿发育，提高免疫力。

跟着视频做辅食

076 排骨汤面

排骨汤面除含蛋白质、维生素外,还含有大量磷酸钙、骨胶原、骨黏蛋白等,可为宝宝提供钙质,促进宝宝骨骼和牙齿的生长。

准备时间: 5 分钟

烹饪时间: 2.5 小时

原料:

排骨 50 克,宝宝面条 30 克。

营养素:

钙

维生素

蛋白质

排骨煮至可以轻松脱骨即可。

跟着视频做辅食

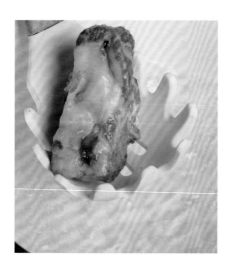

1 排骨洗净,入沸水锅中汆烫一下。

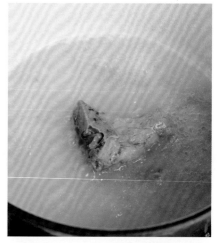

2 将排骨放入锅内,加适量水,大火煮开后,转小火炖 2 小时。

3 盛出排骨,备用。

4 排骨汤中加入面条煮熟后盛盘,并放上排骨即可。

妈妈将排骨肉剔下来切碎后再喂宝宝。

做法都一样

很多宝宝会更喜欢吃肉类，而且与蔬菜相比，肉类可以给宝宝提供充足的蛋白质，但是妈妈也不要给宝宝做过多肉类辅食，以免宝宝摄入的脂肪过量。

牛肉面： 将面条掰成小段，煮熟，捞出备用。牛肉洗净，切成比较小的颗粒。牛肉粒煮熟，与汤一起浇在面条上即可。

西红柿软面条： 西红柿洗净，用热水烫一下，去皮，切碎，捣成泥。将挂面掰碎，放入锅内煮至面条熟烂后加入西红柿泥即可。

猪肉软面条： 把猪肉切丁放入热水中，煮熟后捞出。面条掰碎煮至软烂，加入猪肉丁即可。

9~10 个月：
可以嚼着吃

9~10个月宝宝每周辅食添加计划

上午	6:00	母乳或配方奶 150~200 毫升
	9:30	栗子红枣羹 50 克
	10:30	母乳或配方奶 150~200 毫升
	12:00	冬瓜肉末面条 100 克
下午	15:00	什锦鸭羹 50 克
	18:00	肉松三明治 50 克，茄子泥 50 克
晚上	21:00	母乳或配方奶 150~200 毫升

 母乳 60%　　　辅食 40%

9~10个月宝宝喂养重点

继续母乳喂养，增强宝宝免疫力

核苷酸是存在于母乳中、构成 RNA 和 DNA 的基本物质，是维持细胞正常生理功能不可或缺的物质。经过儿科专家对婴儿的临床对比研究，用含有核苷酸奶粉喂养的婴儿对 B 型流感疫苗表现出了更高的抗体免疫水平，而且婴儿腹泻的发生率也下降了。

为保证宝宝每天能合理地摄取核苷酸，还需母乳喂养。母乳喂养的次数和时间可以根据宝宝的辅食情况适当减少或缩短，但不建议停止。人工喂养的宝宝，可以食用一些含核苷酸的奶粉或牛初乳、动物肝脏和海产品等。

注意宝宝的饮食安全

宝宝开始品尝越来越多的美食了，饮食安全始终是头等大事。鱼类做汤时，应注意避免鱼刺混在浓汤里；排骨煮久了，会掉下小骨渣，需要去除小骨渣；黏性稍大的食物需要防止宝宝整吞；豆类、花生等又圆又滑的食物需要碾碎了给宝宝吃；不要在吃饭的时候逗宝宝笑；不要让宝宝拿着筷子、刀叉等餐具到处跑；使用吸管时，不要在饮品里面放颗粒状的东西；热烫的食物不要放在宝宝面前，特别是汤类。耐心告诉宝宝，有哪些危险存在，应该怎么做，慢慢他们就会懂得自己避险。

宝宝多摄入膳食纤维，可锻炼咀嚼能力

适当给宝宝吃含有膳食纤维的辅食，可以促进咀嚼肌的发育，并有利于宝宝牙齿和下颌的发育，能促进胃肠蠕动，增强胃肠消化功能，防止便秘。妈妈给宝宝做含膳食纤维多的饮食时，要做得细、软、烂，便于宝宝咀嚼，利于吸收。

含膳食纤维的食物来源包括：杂粮类，糙米、玉米、红薯、土豆等；蔬菜类，木耳、海带、冬菇、竹笋、胡萝卜、芹菜、韭菜、菠菜、油菜等；水果类，苹果、香蕉、柠檬等。

辅食添加常见问题

? 为什么宝宝吃辅食总没别人多

　　家长总喜欢拿自己家的宝宝和别人比较，经常担心宝宝没别人吃得多，将来就长不高。其实，这种比较是没有意义的。如果宝宝发育正常，妈妈就不用纠结宝宝吃得少的问题。如果宝宝生长缓慢，应考虑宝宝是对辅食的接受度不高，还是对喂养规律不适应。

? 10个月大的宝宝能吃多少辅食

　　根据10个月宝宝对各种营养素的需求，宝宝每日的食物需求量为：谷类食物100克左右，相当于每次半碗至1碗稠粥或软饭，每日吃两三次；蔬菜和水果各40克左右，相当于每日吃4勺蔬菜和1/4个苹果；鱼或肉每日30克，分2次吃；蛋黄每日1个；油脂类少许即可。

? 如何让宝宝好好吃饭

　　这个阶段，爸爸妈妈应该鼓励宝宝自己拿勺吃，别怕他弄脏地板或衣服。可以给他围上围嘴，在餐桌上铺上桌布。要给宝宝固定的餐桌椅，让他知道这是吃饭的地方。别在吃饭的时候逗宝宝玩，吃饭时间要规律，注意食物色、香、味、形的搭配。

? 什么样的米饭才算是软米饭

　　满10个月的宝宝可以吃软米饭了，不过，什么样的米饭才算是软米饭，家长可能还不太清楚。

　　一般来说，软米饭的米、水比例在1:2.5和1:3之间，比普通米饭的水分比例高一些，硬度介于稠粥和米饭之间。

? 如何做软米饭更好吃

　　让软米饭更好吃，有几个小窍门。一是在煮饭的时候滴几滴米醋，等软米饭做好了，香味会很浓郁，而醋味会自然消失，还不容易变质。二是用开水煮饭，这样可以减少维生素 B_1 的流失，饭香浓郁，营养价值也很高。三是软米饭快煮熟时，加些碎菜、碎肉煮一煮，这样，米饭的香味混合着蔬菜、肉的香味，十分开胃。

? 给宝宝做辅食用什么油好

　　在添加辅食后，宝宝适应了肉类食物中自带的少量油脂后，再摄入适量油脂比较妥当。在油的选择上，橄榄油是最佳选择，比家庭常用的大豆油、花生油更健康。家长在为宝宝制作辅食时加一点橄榄油，如在各种粥、泥糊、汤或面条中滴几滴就可以了。用橄榄油炒绿叶蔬菜，胡萝卜素的吸收率比普通蒸、煮要高，更有利于营养的吸收。

辅食来啦

宝宝吃虾时，要观察是否有过敏现象。

跟着视频做辅食

077 鲜虾粥

原料： 鲜虾 3 只，大米 50 克。

做法： ❶鲜虾洗净，去头，去壳，去虾线，剁成丁。❷大米淘洗干净，加水煮成粥，加鲜虾丁搅拌均匀，煮软烂即可。

营养功效： 虾含有丰富的镁、磷、钙，可以促进宝宝骨骼和牙齿的顺利生长，增强体质。

078 鱼肉松粥

原料： 大米 50 克，鱼肉松 25 克，菠菜 20 克。

做法： ❶将菠菜洗净、切碎，用开水焯烫一下。❷将大米淘洗干净，放入清水锅中用大火煮沸，改小火熬至黏稠。❸将菠菜碎放入粥内，加入鱼肉松搅拌，用小火熬几分钟即可。

营养功效： 此粥含丰富的蛋白质和钙质。

跟着视频做辅食

将馄饨煮得稍久一些，煮软了的馄饨皮便于宝宝吃和消化。

跟着视频做辅食

079 鸡肉馄饨

原料： 青菜、鸡肉末各 20 克，馄饨皮 10 个，鸡汤、葱花各适量。

做法： ❶将青菜择洗干净，切成碎末，与鸡肉末拌匀做馅。❷放入馄饨皮包成小馄饨。❸鸡汤烧开，下入小馄饨，煮熟时撒上葱花即可。

营养功效： 鸡肉富含不饱和脂肪酸和维生素、烟酸、钙、磷、钾、钠、铁等，适合宝宝食用。

080 奶油鱼

原料： 鱼肉 50 克，芹菜 30 克，肉汤、奶油各适量。

做法： ❶将芹菜择洗干净，切碎；鱼肉洗净，去皮，去刺。❷把洗净、去刺的鱼肉放热水锅中，煮熟后研碎。❸锅中加肉汤煮沸，放入研碎的鱼肉，再放少许奶油和切碎的芹菜，煮熟即可。

营养功效： 鱼肉加入奶油后，补充营养更全面。南瓜富含维生素、胡萝卜素等营养成分。

跟着视频做辅食

跟着视频做辅食

081 绿豆南瓜汤

原料： 绿豆 20 克，南瓜 100 克。

做法： ❶将南瓜去皮，切成丁；绿豆用水洗净。❷将绿豆放入清水锅中，大火烧开，转小火煮 30 分钟左右，至绿豆开花时，放入南瓜丁。❸中火煮 20 分钟左右至汤浓稠即可。

营养功效： 南瓜中含有的锌参与人体核酸、蛋白质的合成，是促进宝宝生长发育的重要物质。

082 莲藕薏米排骨汤

原料： 排骨块 100 克，薏米 50 克，莲藕 1 节，醋适量。

做法： ❶莲藕洗净，去皮，切薄片；薏米洗净；排骨块洗净，汆水。❷将排骨块放入锅内，加水大火煮开后加一点醋转小火，煲 1 小时后将莲藕片、薏米全部放入，煮沸后改小火煲 1 小时即可。

营养功效： 此汤可维护宝宝的骨骼健康。

莲藕切开后应及时泡水，以防氧化变黑。

跟着视频做辅食

083 蛋黄香菇粥

香菇的营养丰富,味道鲜美,被称为"菇中之王"。香菇高蛋白、低脂肪,还含有多糖、多种氨基酸和维生素等营养成分,对促进宝宝新陈代谢、提高身体抵抗力有很大的作用。同时香菇中维生素 D 的含量明显高于其他食材,宝宝多吃香菇,还可以帮助体内钙的吸收,促进骨骼发育。

准备时间: 1 小时

烹饪时间: 30 分钟

原料:

大米 30 克,鲜香菇 2 朵,

生鸡蛋黄 1 个。

营养素:

蛋白质

维生素 D

泡米水一同煮粥,营养更能全面保留。

跟着视频做辅食

1 大米淘洗干净,浸泡 1 小时。

2 鲜香菇洗净,去蒂,切成丝。

3 生鸡蛋黄打散。

4 大米和香菇丝入锅,加水煮沸再下蛋液,拌匀,煮至粥熟即可。

香菇与大米一起入
锅煮，更容易软烂。

做法都一样

　　随着宝宝月龄的增长，宝宝能
吃的东西也越来越多，用蛋黄和其
他配菜熬粥是妈妈制作宝宝辅食
的不二之选。

鱼汤蛋黄粥：生鸡蛋黄打散备用；大米
淘洗干净。鱼汤和大米一起煮粥，煮好
后加入蛋黄液，搅拌至熟即可。

西蓝花蛋黄粥：西蓝花洗净焯水后掰
碎；生鸡蛋黄打散备用；大米淘洗干
净。大米和西蓝花碎煮沸，在煮好的粥
中加入蛋黄液，搅拌至熟即可。

蛋黄菠菜粥：菠菜洗净焯水后切末；生
鸡蛋黄打散备用；大米淘洗干净。清水
锅中放入大米和菠菜末煮沸，在煮好的
大米粥中加入蛋黄液，搅拌至熟即可。

084 紫菜芋头粥

原料: 紫菜 10 克,大米 30 克,芋头 2 个。

做法: ❶紫菜切碎。 ❷芋头煮熟去皮,压成芋头泥。❸将大米淘洗干净后,放入锅中加水,煮至黏稠,出锅前加入紫菜碎、芋头泥略煮即可。

营养功效: 紫菜芋头粥营养丰富,紫菜富含铁,可维持机体的酸碱平衡,还能预防宝宝贫血。

跟着视频做辅食

栗子用微波炉加热一下,更好剥壳。

跟着视频做辅食

085 栗子瘦肉粥

原料: 大米 50 克,栗子 5 个,瘦肉 30 克。

做法: ❶栗子去壳、洗净;瘦肉切成末;大米淘洗干净,浸泡 1 小时。❷锅中加栗子、瘦肉末同煮至粥熟即可。

营养功效: 此粥对宝宝食欲缺乏、腹胀、腹泻有缓解作用。

086 南瓜软饭

原料: 软米饭 50 克,南瓜 30 克,熟蛋黄 1 个,高汤适量。

做法: ❶南瓜去皮,切丁,放入蒸锅中蒸熟,加适量高汤用勺子碾成泥。❷将熟蛋黄放入南瓜泥中,用勺子碾压成泥。❸再加入软米饭,搅拌均匀即可。

营养功效: 南瓜软饭有益于宝宝的身体发育和健康。

跟着视频做辅食

087 牛腩面

原料： 牛腩 50 克，猪棒骨 100 克，面条 50 克。

做法： ❶将猪棒骨汆水；牛腩切块。❷另烧一锅清水，放入棒骨及牛腩块，小火炖 2 小时。❸将面条煮熟，盛入碗中，再加入牛腩块、肉汤即可。

营养功效： 牛腩含有丰富的优质蛋白质，且含铁，是给宝宝补血、强壮身体的好辅食。

跟着视频做辅食

跟着视频做辅食

088 苋菜鱼肉羹

原料： 鱼肉 50 克，苋菜 20 克。

做法： ❶将鱼肉洗净，去刺切丁；苋菜洗净，切小段。❷锅中加适量的水烧开，放入鱼肉丁、苋菜段煮开即可。

营养功效： 苋菜鱼肉羹既含有丰富的蛋白质和维生素，又富含易被人体吸收的钙质，不但有健脾开胃之效，还能促进宝宝牙齿和骨骼的生长。

089 柠檬土豆羹

原料： 土豆半个，生鸡蛋黄 1 个，柠檬汁适量。

做法： ❶将土豆洗净，去皮，切丁，放入开水中煮熟，加入柠檬汁。❷待汤烧沸后将鸡蛋黄打入碗中调匀，慢慢倒入锅中，略煮即可。

营养功效： 土豆含有特殊的黏蛋白，不但可以润肠，还有促进脂类代谢的作用，铁和磷的含量也很高。柠檬味酸，可以开胃生津。

柠檬汁较酸，可加水稀释后再加入。

跟着视频做辅食

090 冬瓜肉末面条

原料： 龙须面 50 克，冬瓜 30 克，猪肉末 10 克。

做法： ❶冬瓜洗净，去皮切成小丁。❷将猪肉末、冬瓜块及龙须面加入清汤中，大火煮沸，转小火焖煮至冬瓜熟烂即可。

营养功效： 冬瓜具有清热解暑的作用，对缓解痰热咳喘也有帮助，与面条和猪肉同时食用，既能补充足够的碳水化合物和蛋白质，又能缓解暑热。

跟着视频做辅食

091 栗子红枣羹

原料： 栗子 6 颗，红枣 5 颗，大米适量。

做法： ❶将栗子煮熟之后，去壳洗净切碎；红枣洗净，用温水泡 20 分钟后去核；大米洗净。❷锅内放入大米和适量水，煮熟后放入栗子碎、红枣，煮沸后改小火煮 5 分钟即可。妈妈喂食时，需将栗子、红枣捣烂喂给宝宝。

营养功效： 栗子搭配红枣，可提高宝宝的免疫力。

跟着视频做辅食

092 什锦鸭羹

原料： 鸭肉 50 克，芦笋 30 克，鲜香菇 3 朵。

做法： ❶鲜香菇洗净，去蒂，切丁；芦笋洗净，切丁；将鸭肉洗净，切丁后汆水。❷锅中加水，放入鸭肉丁煮熟，再放入香菇丁、芦笋丁煮至熟烂即可。

营养功效： 什锦鸭羹富含蛋白质、钙、镁等矿物质，能提高宝宝记忆力和集中注意力。鸭肉可除热消肿，尤其适合食用配方奶容易上火的宝宝。

感冒、发热的宝宝不宜吃鸭肉。

跟着视频做辅食

肉松味道鲜美、易
于消化，搭配蔬菜，
营养更均衡。

跟着视频做辅食

093 肉松三明治

原料: 吐司面包 2 片，肉松 20 克，黄瓜半根，橄榄油适量。

1 黄瓜洗净，切薄片。

2 锅中放入橄榄油，烧热后放入吐司面包，煎至一面金黄，翻面，把另一面也煎一下。

3 取一片吐司面包平铺，放上肉松、黄瓜片，再盖上一片吐司面包，对角切三角形即可。

094 鸡蛋胡萝卜磨牙棒

自制磨牙棒既健康又营养，胡萝卜富含的胡萝卜素对宝宝视力发育、骨骼生长有益，蛋黄中的铁、卵磷脂促进宝宝大脑发育。

准备时间： 5 分钟

烹饪时间： 30 分钟

原料：

面粉 50 克，胡萝卜半根，

生蛋黄 1 个，配方奶粉 50 克。

营养素：

卵磷脂

铁

胡萝卜素

胡萝卜压泥时加入配方奶，会更容易压碎。

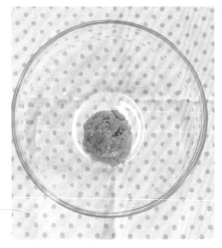

1 胡萝卜洗净，切块，上锅蒸熟，碾压成泥。

2 加入配方奶粉。

3 蛋黄加入面粉，加适量水混合，然后加入胡萝卜泥，揉成面团。

4 面团擀成厚约 0.5 厘米的面片，切条，放烤箱中烤至表面微黄。

自制磨牙棒是适合9~10个月宝宝的零食之一。

做法都一样

宝宝的牙陆续萌出，妈妈自己在家给宝宝做磨牙棒当作宝宝的零食是再好不过了，既能缓解宝宝牙龈不适，还能补充营养。

红薯磨牙棒： 新鲜红薯去皮切成粗条，蒸熟晒干就可以了。

紫薯磨牙棒： 新鲜紫薯去皮切成粗条，蒸熟晒干就可以了。

胡萝卜苹果磨牙棒： 胡萝卜洗净去皮，切条；苹果洗净，切条。

10~12 个月：
尝尝小水饺

10~12个月宝宝每周辅食添加计划

上午	6:00	母乳或配方奶 250 毫升
	8:00	什锦蔬菜粥 80 克
	10:30	草莓蛋香饼 50 克
	12:00	香菇通心粉 100 克，南瓜虾皮汤 50 克
下午	15:00	水果 150 克
	18:00	黑白粥 80 克，香橙烩蔬菜 50 克
晚上	21:00	母乳或配方奶 250 毫升

母乳 50%　　　辅食 50%

10~12个月宝宝喂养重点

补硒、维生素A，增强宝宝免疫力

这个阶段的宝宝探索欲很强，有时会因出汗受风而感冒，有时会因感染细菌而致扁桃体发炎。让宝宝多吃些富含硒的食物可提高免疫力，同时也有利于宝宝保持好气色和好精神，使宝宝每天都健康活泼。

这个阶段的宝宝对硒的日摄入量为10~20微克。蔬菜水果里硒含量都比较低，肉类、禽蛋中含量相对高一点，所以宝宝每天适当摄入一些肉蛋就可以满足需要了。蛋类含硒量多于肉类，每100克食物中，猪肉含硒10.6微克，鸡蛋含硒23.3微克，鸭蛋含硒30.7微克，鹅蛋含硒33.6微克。但需要注意的是，母乳喂养的宝宝一般不容易缺硒，如果额外大量补充反而会对宝宝的健康不利，摄入硒过量，会导致指甲过厚、毛发脱落、四肢麻木等。

维生素A可保护消化系统、肾脏、膀胱等柔软组织，对维持上皮组织健康、增强机体免疫功能及正常视觉功能有重要意义。这个月的宝宝有的已经断奶了，此时适当补充维生素A可提高抗病能力，使宝宝远离疾病，并有利于宝宝的眼睛及肌肤健康。富含维生素A的食物有动物肝脏、鱼类、鸡蛋、梨、苹果、马齿苋、白菜、小米等。

让宝宝和大人一起吃饭

让宝宝每日三餐和大人一起吃饭，可以刺激宝宝模仿大人的样子练习咀嚼能力。这时宝宝会对大人的食物产生兴趣，妈妈不要因为心软而喂给宝宝，对于宝宝来说，大人的饭菜又硬又咸。也不要把饭菜咀嚼后喂给宝宝，这样会将大人口中的细菌带进宝宝体内而引起各种疾病。

妈妈可以在家庭成员吃饭之前先给宝宝吃一部分，然后在与家庭成员一起进餐时，让他自己去吃他的食物。

少吃多餐保健康

这个时期的宝宝一般会长出6~8颗乳牙，但胃肠功能还没有发育完全，所以食物要做得细软。另外，辅食的种类应多样，这样才能满足宝宝的营养需要。宝宝的胃容量比较小，因此可采取少食多餐的方法，全天由吃三顿奶减到吃两顿，每次250毫升，再加上少量多餐的辅食，保证宝宝一天的均衡营养。

预防宝宝断奶后发生便秘

断奶后的宝宝容易出现便秘，妈妈要留心宝宝的排便情况，预防宝宝断奶后发生便秘。

宝宝的饮食一定要均衡，不能偏食，五谷杂粮以及各种水果蔬菜都应该均衡摄入。可以喝一点菜粥，以增加肠道内的膳食纤维，促进胃肠蠕动，通畅排便。保证宝宝每天有一定运动量和喝足够的水，可以有效预防宝宝因断奶发生便秘。

辅食添加常见问题

？ 宝宝 2 个月没长身高和体重，是不是缺碘了

宝宝处于重要的生长发育阶段，如果缺碘会导致生长发育停滞、智力低下、皮肤毛发结构异常、精神发育受阻以至痴呆、聋哑，患呆小症（克汀病）。因此，必须保证宝宝每日碘的摄取量。建议 6~12 个月的宝宝日摄取碘量为 115 微克。由于过多的碘可能有害，建议每天不要摄入过多。

哺乳妈妈可适当多摄入一些奶制品、海产品、海藻类等，这些都是碘的主要来源。除此之外，谷类、肉类、绿叶蔬菜中也含有碘。值得注意的是海盐中并不含碘，食盐中的碘是在制作过程中添加的。

？ 宝宝 1 岁了，可以吃白糖吗

1 岁不是宝宝能吃或不能吃某种食物的分水岭。盐、白糖、蜂蜜并不是宝宝必需的营养品，也不是必需的调味品。

喜欢吃甜的食物是宝宝的天性，但过度食用对宝宝的牙齿发育不好，还容易养成挑食的坏习惯。盐能让食物变得有滋味，但摄入过多会加重宝宝的心脏、肾脏负担。对于这些非必需品，家长要坚持适度原则，还可以用类似口味的食物代替。例如，荸荠、雪梨等，具有甜味，又能润肺；海带、海苔、紫菜等，可增加咸味，又能补碘。

宝宝以前吃苹果，都是由家长用勺子刮下来再喂的。但宝宝现在总是自己把苹果拿在手里啃。这是好现象，说明宝宝长牙情况好，他的牙根有些痒，想吃些东西磨磨牙。有的宝宝吃着吃着，就把嘴里的苹果吐出来，然后接着吃，再吐出来。其实宝宝不是不爱吃，只是想磨磨牙。

宝宝长牙的时候，妈妈可以准备些水果，让宝宝自己啃着吃。水果不要太硬，比如苹果、香蕉、橘子、西瓜等水果就很适合。水果应洗净去皮、去子，保证食用安全。在宝宝自己啃食水果的时候，家人一定要在旁边看护，避免宝宝吞下大块的食物。

宝宝生病后食欲不佳是常见现象，这可能与身体状况和药物刺激有关。有些家长担心宝宝吃饭少，营养补充不足，就给宝宝口服葡萄糖，这种做法不可取。因为快速大量的葡萄糖摄入会增加胰腺和肾脏的负担，如果真的需要补充葡萄糖，也应该根据医嘱进行输注，切不可自行口服补充。宝宝生病期间，最好不要让宝宝喝果汁等饮料，而应用白开水为宝宝补充水分，同时饮食也要清淡一些。病情好转后，宝宝的食欲自然会恢复的，不用担心。

辅食来啦

跟着视频做辅食

核桃去内皮后再做豆浆，可减少苦涩感。

095 核桃燕麦豆浆

原料：黄豆 50 克，核桃 4 个，燕麦 10 克。

做法：❶黄豆洗净，用水浸泡 10 小时。❷核桃去壳取核桃仁。❸将黄豆、燕麦和核桃仁倒入豆浆机中制成豆浆即可。

营养功效：核桃富含 ω-3 脂肪酸，有辅助健脑益智的功效。

096 黑白粥

原料：大米、黑米、山药各 20 克，百合 10 克。

做法：❶将大米、黑米淘洗干净；山药去皮，切块。❷锅中加入适量水，煮沸后放入大米、黑米，熬煮成粥，再放入山药块、百合，转小火熬煮至熟即可。

营养功效：宝宝常吃此粥有滋阴润肺的作用，特别适合干燥的春秋季节食用。

跟着视频做辅食

跟着视频做辅食

097 西红柿鳕鱼泥

原料：鳕鱼肉 200 克，西红柿 1 个，淀粉、黄油各适量。

做法：❶鳕鱼肉洗净，去皮剁碎置于碗中，加入淀粉搅拌成泥。❷西红柿洗净，开水烫一下，去皮后切丁，用搅拌机打成西红柿泥。❸黄油放入锅中，中火加热至融化，倒入打好的西红柿泥炒匀，将鳕鱼泥放入锅中，快速搅拌至鱼肉熟透即可。

营养功效：可增强宝宝的免疫力。

跟着视频做辅食

098 鳕鱼毛豆

原料: 鳕鱼 1 块, 毛豆 20 克, 素高汤、水淀粉各适量。

做法: ❶鳕鱼洗净、蒸熟; 毛豆煮熟后剥皮。❷鳕鱼、毛豆分别碾成泥糊状。❸锅内放素高汤煮沸, 放入毛豆泥、鳕鱼泥略煮, 再用水淀粉勾芡即可。

营养功效: 鳕鱼含有多种氨基酸, 毛豆富含核苷酸, 有助于提高宝宝的免疫力。

099 南瓜虾皮汤

原料: 南瓜 80 克, 虾皮 10 克。

做法: ❶南瓜去皮, 去瓤, 切成小块。❷油锅烧热, 放入南瓜块翻炒两下, 加水大火煮沸, 待南瓜块煮熟时, 放入虾皮即可。

营养功效: 虾皮可帮助宝宝补钙, 清甜的南瓜可补充膳食纤维, 有助于宝宝调理肠胃。

跟着视频做辅食

鸭血富含铁, 可以防止宝宝贫血。

跟着视频做辅食

100 鸭血豆腐菠菜汤

原料: 豆腐 100 克, 鸭血 50 克, 菠菜、盐各适量。

做法: ❶鸭血、豆腐洗净, 分别切成块; 菠菜洗净焯水, 切段。❷砂锅内放适量水, 放入鸭血块、豆腐块同煮。❸几分钟后加菠菜段略煮, 然后加盐调味即可。

营养功效: 平时适当给宝宝吃些鸭血, 有利于防治缺铁性贫血。

101 玉米豆腐胡萝卜糊

原料: 鲜玉米粒 50 克, 嫩豆腐 1 小块, 胡萝卜半根。

1 胡萝卜洗净, 切成小块; 鲜玉米粒洗净, 与胡萝卜块一同用搅拌机打成蓉; 豆腐压成泥。

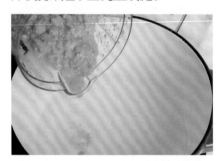

2 将玉米胡萝卜蓉放入锅中, 加清水, 大火煮沸后, 转小火煮 20 分钟。

3 将豆腐泥加入锅中, 继续煮 10 分钟。

正在长牙的宝宝可以吃一些颗粒状食物, 妈妈可以将胡萝卜、豆腐切成小丁。

跟着视频做辅食

根据宝宝的口味更换馄饨馅，宝宝更爱吃。

跟着视频做辅食

102 鸡汤馄饨

原料：鸡肉 50 克，青菜 2 棵，馄饨皮 10 张，鸡汤、酱油、葱花各适量。

1 将青菜择洗干净，切成碎末；鸡肉洗净，剁碎。

2 将青菜末和鸡肉末拌匀，加入适量酱油调和做成馅。

3 将馅料放在馄饨皮里，包成小馄饨。

4 锅中倒入鸡汤烧开，下入小馄饨，煮熟时撒上葱花即可。

103 肉松饭团

肉松含有丰富的蛋白质、维生素 B_1、维生素 B_2、烟酸、维生素 E 及铁、钙、磷、钠、钾等营养素，脂肪含量低，和米饭同食，营养更加全面，不但能促进宝宝生长发育，而且还能预防宝宝贫血。

准备时间: 5 分钟

烹饪时间: 5 分钟

原料:

软米饭 1 小碗，肉松 20 克，海苔 2 片。

营养素:

蛋白质

维生素

手上沾水可以防止米饭黏手。

跟着视频做辅食

1 手上沾水，米饭铺平于掌心，肉松包入米饭中。

2 将米饭揉搓成饭团。

3 将海苔搓碎，放在盘中，然后放饭团滚几下即可。

肉松可调味，让宝宝
更有食欲，但第一次
不宜吃太多。

做法都一样

饭团中混合不同蔬菜、谷物，可以丰富营养，而且把饭团捏成不同的形状、搭配不同颜色的食材，能够提高宝宝的食欲，让宝宝爱上吃饭。

海苔饭团：海苔中丰富的矿物质可以帮助维持机体的酸碱平衡，有利于宝宝的生长发育，而且海苔饭团松脆的口感很受宝宝欢迎。

杂粮水果饭团：杂粮含有丰富的 B 族维生素和钙、铁、锌等营养素，可提高宝宝的免疫力，再加入水果，还能补充丰富的维生素，让宝宝更健康。

软饭饭团：将软饭捏成三角形，用富含矿物质的海苔包裹，让宝宝用手抓着吃，能够提高宝宝食欲。

104 紫菜豆腐粥

原料： 豆腐 30 克，紫菜 10 克，大米适量。

做法： ❶将豆腐搅碎成泥；大米淘净，浸泡半小时。❷大米加水熬成粥，加入豆腐泥、紫菜，转小火慢炖至豆腐泥熟透即可。

营养功效： 紫菜富含碘，豆腐富含蛋白质，紫菜豆腐粥，让宝宝均衡地摄取营养。

跟着视频做辅食

跟着视频做辅食

105 豆腐瘦肉羹

原料： 嫩豆腐 60 克，猪瘦肉末 30 克，鸡蛋 1 个，水淀粉适量。

做法： ❶将嫩豆腐切成小块，在沸水里焯烫一下；瘦猪肉末用少许油炒熟。❷鸡蛋打散后上锅蒸熟，切成小块。❸锅中放水，煮沸后把豆腐块、肉末、鸡蛋块放入锅中煮熟，最后用水淀粉勾芡。

营养功效： 此羹可为宝宝补充优质蛋白质。

106 虾仁菜花

原料： 菜花（或西蓝花）60 克，虾仁 3 个。

做法： ❶菜花放入开水中煮软，掰成小朵；虾仁用凉水解冻后切碎。❷锅中加水，放入虾仁碎煮成虾汁，再放入菜花，煮熟即可。

营养功效： 虾营养丰富，其肉质松软，易消化，且富含镁，可促进宝宝心脏发育。菜花富含维生素 C，可以提高宝宝的抗病能力。

新妈妈可以用去头、去壳的鲜虾肉代替虾仁，味道更鲜美。

跟着视频做辅食

豌豆一定要压碎再喂宝宝，以免呛到宝宝。

107 豌豆豆腐泥

原料：豌豆适量，豆腐半块。

做法：❶豌豆烫熟。❷半杯水和豌豆放入锅中一起煮，豆腐边捣碎边加进去，煮至汤汁变少即可。

营养功效：豌豆豆腐泥中富含维生素、膳食纤维等，适合排便不畅的宝宝食用。

108 什锦蔬菜粥

原料：大米 30 克，芹菜 10 克，胡萝卜10 克，玉米粒 10 克。

做法：❶将大米淘洗干净，浸泡 1 小时；胡萝卜、芹菜分别洗净，切丁。❷将大米放入锅中，加适量水，煮粥。❸粥将熟时，放入胡萝卜丁、芹菜丁、玉米粒煮 10 分钟即可。

营养功效：什锦蔬菜粥含有碳水化合物、膳食纤维、胡萝卜素、B 族维生素和多种无机盐，不仅能促进宝宝的生长发育，还能促进肠胃蠕动。

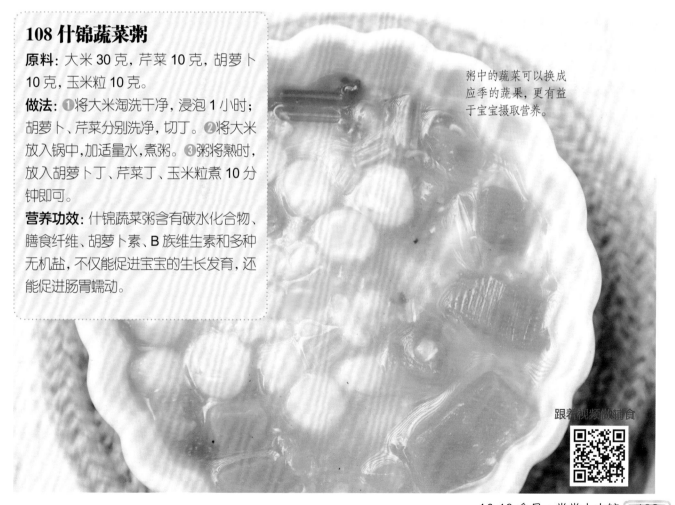

粥中的蔬菜可以换成应季的蔬果，更有益于宝宝摄取营养。

跟着视频做辅食

109 鲜汤小饺子

　　鲜汤小饺子荤素搭配，蔬菜能帮助消化、促进排便，肉末可改善缺铁性贫血，是一道适合宝宝的多功能辅食。

准备时间： 30 分钟

烹饪时间： 10 分钟

原料：

白菜 30 克，肉末 50 克，
鸡蛋 2 个，饺子皮 8 张，
高汤、葱花、盐各适量。

营养素：

膳食纤维

蛋白质

脂肪酸

白菜加盐可以挤出更多的水分。

跟着视频做辅食

1 白菜择洗干净，剁碎，加少许盐后挤出部分水分。

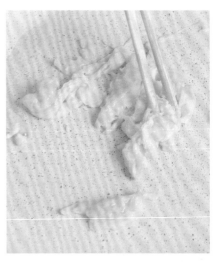

2 鸡蛋磕入碗内，把蛋黄和蛋清分开，将蛋黄用油炒熟。

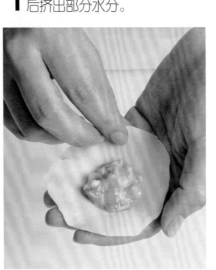

3 将白菜末、炒熟的鸡蛋黄与肉末混合，加盐、鸡蛋清拌匀，用饺子皮包成小饺子。

4 高汤煮沸，下饺子，煮沸后加少量冷水，再次煮沸加冷水，反复3次以上。

妈妈可以自己做饺子皮，在饺子皮中加入菠菜汁、胡萝卜汁，颜色更好看，宝宝更有食欲。

做法都一样

小饺子中食材可以多变，可以换成不同的蔬菜、肉类，也可以换成宝宝不太喜欢吃的食材，能够让宝宝更容易接受，达到均衡膳食的目的。

圆白菜：圆白菜中富含维生素 C、钾及充足的水分，可促进消化，预防便秘，多吃圆白菜，还可增进食欲。

荠菜：荠菜含丰富的维生素 C 和胡萝卜素，有助于增强宝宝免疫力、健胃消食，适合体弱的宝宝食用。

芹菜：芹菜是高膳食纤维、低热量食材，适合超重的宝宝食用。另外，有些宝宝不习惯芹菜的味道，与肉类混合做成馅，让宝宝更容易接受。

110 青菜鱼片

原料: 青菜 50 克, 鱼肉 100 克, 豆腐 20 克, 高汤适量。

做法: ❶青菜洗净切段; 鱼肉洗净去刺, 切小片; 豆腐切片。❷锅内加入高汤, 放入青菜段烧开后投入鱼片、豆腐片, 汤沸后略煮即可。

营养功效: 此汤可改善宝宝食欲不振的状况。

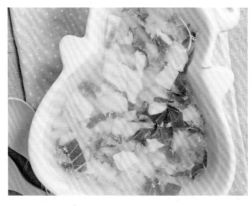

跟着视频做辅食

跟着视频做辅食

111 香橙烩蔬菜

原料: 橙汁 100 毫升, 青菜 30 克, 鲜香菇 2 朵, 金针菇 20 克, 高汤适量。

做法: ❶青菜、金针菇择洗干净, 切小段; 鲜香菇洗净, 切片, 与金针菇段一同焯熟。❷油锅烧热, 将青菜片、香菇片、金针菇段放入炒一下, 加入高汤稍煮, 倒入橙汁即可。

营养功效: 此菜能补充膳食纤维, 帮助宝宝排便。

112 香菇通心粉

原料: 通心粉 50 克, 土豆半个, 胡萝卜半根, 鲜香菇 2 朵, 盐适量。

做法: ❶将土豆去皮洗净, 切丁; 胡萝卜洗净, 切丁; 香菇洗净, 切成片。❷锅中加水烧开, 放入通心粉, 调入适量盐, 煮熟后捞出过凉水, 放入大盘中。❸将土豆丁、胡萝卜丁、鲜香菇片放入锅中, 加水煮熟。❹在通心粉上逐层放土豆丁、胡萝卜丁、香菇片即可。

营养功效: 通心粉可以为宝宝提供充足能量, 香菇还能增强免疫力。

通心粉有嚼劲, 妈妈应根据宝宝长牙情况延长煮制时间。

跟着视频做辅食

水饺一口一个，
宝宝会更喜欢。

跟着视频做辅食

113 鱼肉水饺

原料：鱼肉 50 克，青菜 30 克，猪肉 15 克，饺子皮 8 张，鸡汤、酱油、葱花各适量。

做法：❶将鱼肉去皮去刺，剁成泥；猪肉洗净切碎，剁成蓉。❷青菜洗净，控水后切碎，与鱼肉泥和猪肉蓉混合，加鸡汤、酱油搅拌均匀做馅料。❸将调好的馅料放在饺子皮中，对折包成饺子。❹锅内加水，煮沸后放入饺子煮熟即可。

营养功效：鱼肉水饺含有丰富的 DHA、ARA，可促进宝宝大脑和视网膜发育。

114 鸡蓉豆腐球

原料：鸡腿肉 30 克，豆腐 50 克，胡萝卜末适量。

做法：❶鸡腿肉、豆腐洗净剁泥，与胡萝卜末搅拌均匀。❷将混合泥捏成小球，放沸水锅中蒸 20 分钟，食用时可以分成方便宝宝进食的大小。

营养功效：鸡肉富含动物蛋白，豆腐含有植物蛋白，两者搭配食用可促进宝宝各器官正常发育。

跟着视频做辅食

跟着视频做辅食

115 鱼泥豆腐苋菜粥

原料：鱼肉、嫩豆腐、苋菜、大米各 20 克。

做法：❶嫩豆腐切丁；苋菜用开水烫后切碎。❷鱼肉煮熟后去骨、去刺，捣碎成泥。❸大米煮成粥后放入鱼肉泥、豆腐丁与苋菜碎，再煮 5 分钟即可。

营养功效：苋菜含有丰富的铁和维生素 K，适合缺铁性贫血的宝宝食用。

116 素菜包

素菜包面皮松软，菜馅鲜美，非常适合宝宝食用。素菜包中的蔬菜可以提供丰富的维生素 C 和 B 族维生素，全面的营养可促进宝宝的健康成长，提高宝宝的免疫功能。

准备时间： 1 小时

烹饪时间： 20 分钟

原料：

面粉 100 克，白菜 50 克，
鲜香菇 5 朵，豆腐干 3 片，
酵母适量。

营养素：

B 族维生素

维生素 C

香油可通便，如果宝宝易腹泻，做素菜包时可不放香油。

跟着视频做辅食

1 水中加酵母，倒入面粉中和匀，待发酵后分成剂子，做圆皮备用。

2 白菜择洗干净，放入热水中焯一下，晾凉后切碎。

3 鲜香菇去蒂洗净；将香菇、豆腐干分别切成丁，连同切碎的白菜放在大碗中拌成菜馅。

4 面皮包上馅后，把口捏紧，然后上笼用大火蒸 10 分钟即可。

多种蔬菜能让宝宝养成不偏食的好习惯。

做法都一样

　　包子中的馅料可以随意更换，妈妈可以根据季节来确定馅料，也可按照宝宝口味来确定，尽可能多换几种馅料，让宝宝均衡摄入营养。

豆沙： 口味甜软，更受宝宝的欢迎，而且豆沙细腻，植物蛋白更易被宝宝吸收，不易引起宝宝胃肠不适。

豆角： 豆角含有维生素、蛋白质及少量胡萝卜素，是助力宝宝发育的不错食材。将豆角切碎末包入包子中，更易使豆角蒸熟蒸透，避免宝宝食用后中毒。

豆腐： 豆腐细软，可以为宝宝补充钙质、蛋白质，促进宝宝生长发育。

1~1.5 岁：
软烂食物都能吃

1~1.5岁宝宝每周辅食添加计划

上午	8:00	母乳或配方奶 200 毫升，丸子面 50 克
	10:00	芒果布丁 50 克，酸奶 50 毫升
	12:00	蛤蜊蒸蛋 100 克，牛肉土豆饼 1 块
下午	15:00	香蕉或苹果 100 克，法式薄饼 1 块
	18:00	什锦烩饭 100 克
晚上	21:00	母乳或配方奶 250 毫升

母乳 35%　　　辅食 65%

1~1.5岁宝宝喂养重点

固体食物要占宝宝食物的 50%

母乳或配方奶仍是宝宝不可或缺的营养来源，但宝宝要学会逐渐适应固体食物，并且要与其他的家庭成员一起吃饭。

到 1 岁左右时，固体食物大约占其营养来源的 50%。这是对宝宝咀嚼能力的一种锻炼，咀嚼有利于牙齿的萌出，并且缓解出牙时的不适。而且，让宝宝学会咀嚼蔬菜碎、水果碎等富含膳食纤维的食物，还有利于大便的排出。

适当摄入脂肪

家长担心宝宝摄入太多脂肪会变胖，所以在制作辅食过程中总是不放油。虽然这样做的初衷可以理解，但如果不在饮食上给宝宝补充适量的脂肪，也会影响宝宝的健康。

脂肪能为宝宝提供充足的热量。同时，很多脂溶性维生素都溶于脂肪，在脂肪的作用下，人体会更好地吸收维生素，如维生素 A、维生素 D、维生素 E 等。因此，让宝宝适当摄入脂肪很有必要。

按来源分类，脂肪一般可分为动物脂肪和植物脂肪，这两者都可食用。其中，植物脂肪的营养价值比动物脂肪相对高一些。在常用的植物脂肪中，豆油、麻油、花生油、玉米油、葵花子油都有丰富的人体必需脂肪酸，对于处在生长发育中的宝宝来说，是主要的脂肪摄入来源。但动物脂肪中脂溶性维生素含量比植物脂肪高，所以宝宝也要适当吃些动物脂肪，以促进脂溶性维生素的吸收。

由于宝宝脾胃较弱，在宝宝满 1 岁前，不建议在辅食中大量加油，可以适当在辅食中加些鸡汤、香油，让宝宝有一个适应的过程。当宝宝满 1 岁后，可以用少量橄榄油炒菜，比较健康。

不吃有损智力的食物

合理地给宝宝补充一些营养，可以起到健脑益智的作用。但是，如果不注重食物的选择，宝宝爱吃什么就让他吃什么，反而会有损宝宝大脑的发育。

过咸的食物：会损伤动脉血管，影响脑组织的血液供应，造成脑细胞缺血缺氧，导致记忆力下降、智力低下。

含过氧化脂质的食物：腊肉、熏鱼等含有的过氧化脂质会导致大脑早衰或痴呆，直接有损大脑的发育。

含铅的食物：如爆米花、松花蛋等。铅会杀死脑细胞，损伤大脑。

含铝的食物：如油条、油饼等。经常给宝宝吃含铝量高的食物，会造成宝宝记忆力下降、反应迟钝。

口味较重的调味料：一方面，沙茶酱、辣椒酱、芥末、味精等口味较重的调味料，容易加重宝宝的肾脏负担；另一方面，其中含有的化学物质会影响宝宝智力的发育。

生冷海鲜：如生鱼片、生蚝等海鲜，即使新鲜，但未经烹煮或烹煮不充分，也容易发生感染及引发过敏。被污染的海鲜中含重金属量高，宝宝食用后会直接损伤神经细胞和骨骼细胞。

辅食添加常见问题

❓ 宝宝要怎么吃盐才安全

1岁以后的宝宝餐里可以少量加盐，既改善菜肴的口味，也对健康有益。但是，宝宝餐里的盐一定要尽量少放，如果宝宝摄入太多的盐分，会养成重口味的不良习惯，而且成年后易患高血压。所以，为宝宝做饭时要严格控制盐分，最好把正餐做成淡淡的味道，让宝宝从婴幼儿时期就养成清淡的口味。

❓ 挑食、厌食怎么预防

从婴儿期开始，爸爸妈妈就要注意培养宝宝良好的饮食习惯，包括少给宝宝吃零食、甜食及冷食，以免打乱宝宝的饮食规律，另外还要增加宝宝的活动量，以促进食欲。重视食物品种的多样化，每种菜不要重复做，花样多一点儿，甚至可以做出可爱的造型，以此来增强宝宝的进食欲望。做到以上这些，可在宝宝胃口好、食欲旺盛的情况下纠正偏食习惯。

❓ 如何纠正宝宝偏食

如果宝宝已经形成了偏食的习惯，家长应该想办法进行纠正。把宝宝感兴趣的食物作为"诱饵"加入到其他食物中。例如，宝宝喜欢吃水果，不喜欢喝粥，可以把水果加入粥里面，这样粥也有了水果的味道。宝宝不喜欢吃某种蔬菜，妈妈可以采取最简单的办法，就是将蔬菜和其他食材混合做成饺子或馄饨。千万不要强迫宝宝吃不喜欢的食物。

❓ 宝宝不想吃饭，是胃口不好吗

妈妈每隔一段时间会发现，宝宝的胃口会不好。其实只要宝宝没有身体不适，玩得好，情绪也很好，妈妈就不用担心。妈妈要做的不是哄骗宝宝吃饭，也不能追着喂，而是停止喂食高脂肪和难以消化的食物，以减轻宝宝的胃肠负担。妈妈可以做一些含膳食纤维的饭菜，以促进宝宝胃肠蠕动。

餐前吃水果会影响宝宝的吃奶量或正餐的摄入量，容易导致营养不良；餐后立即吃水果容易让食物堵在胃中形成胀气，从而引起宝宝便秘。所以最好把水果放在两餐中间吃，比如午休之后。另外，宝宝摄入的水果量也要适度，不要完全以水果为辅食，还要摄取足够多的蔬菜，以补充水果中营养素的不足。

辅食来啦

鸡蛋没做熟容易引起宝宝腹泻。

跟着视频做辅食

117 双味蒸蛋

原料：鸡蛋 1 个，胡萝卜半个，西红柿半个。

做法：❶西红柿和胡萝卜洗净、去皮，切块后分别榨成泥；鸡蛋打散。❷西红柿泥、胡萝卜泥倒入蛋液碗中搅匀。❸放入蒸锅内蒸 10~15 分钟。

营养功效：鸡蛋富含蛋白质，搭配富含维生素的胡萝卜、西红柿食用，让宝宝均衡地摄取营养。

118 草莓酱蛋饼

原料：鸡蛋 1 个，草莓 2 个，草莓酱、面粉各适量。

做法：❶鸡蛋打散，加水、面粉调成糊。❷草莓切粒后放入草莓酱中搅拌均匀，备用。❸油锅烧热，倒入蛋糊摊成蛋饼，将拌好的草莓酱倒在蛋饼上包好。

营养功效：可使宝宝保持充沛的精力和体力。

跟着视频做辅食

跟着视频做辅食

119 牛肉鸡蛋粥

原料：牛肉 30 克，鸡蛋 1 个，大米 30 克，葱花、盐各适量。

做法：❶牛肉洗净，切末。❷锅中加水，加米大火煮沸，加入牛肉末，小火煮 20 分钟成粥。❸鸡蛋打散，向锅中淋入鸡蛋液，最后加盐、葱花调味即可。

营养功效：牛肉鸡蛋粥中丰富的钙质可以促进宝宝骨骼和牙齿的生长。

面浆中可以加一些粗粮，如玉米粉、燕麦粉，营养更全面。

跟着视频做辅食

120 茄虾饼

原料： 茄子 50 克，虾肉 20 克，鸡蛋 1 个，面粉 50 克，姜末、香油各适量。

1 将茄子洗净，切丝，挤去水分。加入切碎的虾肉、姜末和香油，搅拌成馅。

2 面粉加鸡蛋、水调成面浆。

3 油锅烧至六成热，舀入面浆摊饼，中间放馅，再盖上半勺面浆，两面煎熟即可。

跟着视频做辅食

121 芙蓉丝瓜

原料: 丝瓜 50 克, 鸡蛋 1 个, 淀粉适量。

做法: ❶丝瓜去皮切丁; 鸡蛋打入碗中, 取蛋清打匀待用。 ❷油锅烧热, 放入蛋清, 炒至凝固, 倒入漏勺沥去油。 ❸另起锅, 放入丝瓜丁、炒熟的蛋清, 炒匀, 加水煮至丝瓜软烂, 用淀粉勾芡即可。

营养功效: 有益于智力发育, 还能滋润宝宝的皮肤。

122 时蔬浓汤

原料: 西红柿 1 个, 黄豆芽 50 克, 土豆 20 克, 茄子 20 克, 高汤适量。

做法: ❶黄豆芽洗净, 切段; 土豆、茄子去皮, 洗净切块; 西红柿洗净, 用开水烫一下, 然后去皮切成丁。 ❷锅中放高汤及水, 煮开后放入所有蔬菜, 大火煮沸后, 转小火, 熬至浓稠状即可。

营养功效: 汤中富含各类有机酸, 能调整宝宝胃肠功能。

具体食材可根据当季蔬菜调整。

跟着视频做辅食

虾皮偏咸, 一定要提前洗一下。

123 虾皮紫菜蛋汤

原料: 鸡蛋 1 个, 紫菜 10 克, 虾皮 5 克, 香菜、盐各适量。

做法: ❶虾皮、紫菜洗净; 紫菜切成末; 鸡蛋打散。 ❷锅内加水煮沸后, 淋入鸡蛋液, 放紫菜末、虾皮烧开, 加盐、香菜调味即可。

营养功效: 紫菜含有丰富的维生素 A、B 族维生素、碘等营养素, 虾皮富含钙、蛋白质, 能促进宝宝骨骼、牙齿的生长。

124 五色紫菜汤

原料： 豆腐 50 克，胡萝卜 10 克，菠菜 1 棵，鲜香菇 2 朵，紫菜、盐各适量。

做法： ❶豆腐切成 2 厘米的方块；鲜香菇、胡萝卜分别洗净、焯水，晾凉后切丝；菠菜洗净，入沸水中焯烫，捞出晾凉后切段。❷另取一锅加水煮沸，下入所有蔬菜，加盐煮熟即可。

营养功效： 紫菜中的矿物质有益于宝宝的骨骼发育。

跟着视频做辅食

跟着视频做辅食

125 玉米鸡丝粥

原料： 鸡肉 40 克，大米 50 克，玉米粒 20 克，芹菜 10 克。

做法： ❶鸡肉切丝；芹菜洗净切丁。❷大米淘洗干净，加水煮成粥。❸粥熟时，加入鸡肉丝、玉米粒和芹菜丁，稍煮片刻即可。

营养功效： 玉米含有的优质脂肪酸能增智健脑，让宝宝更聪明。

126 淡菜瘦肉粥

原料： 大米 100 克，猪瘦肉 50 克，淡菜干 10 克，干贝 10 克，盐适量。

做法： ❶淡菜干、干贝分别洗净，并用温水浸泡 12 小时，然后处理干净，并用清水洗净。❷猪瘦肉切丝；大米淘洗干净，浸泡 1 小时。❸锅置火上，加适量水煮沸，放入大米、淡菜、干贝、猪瘦肉丝同煮，煮至粥熟后加盐调味。

营养功效： 满足宝宝大脑、身体的营养所需。

淡菜烹制时可以少量加盐。

蛤蜊提前一天用水浸泡才能吐干净泥土。

跟着视频做辅食

127 蛤蜊蒸蛋

原料: 蛤蜊 5 个, 虾仁 2 个, 鸡蛋 1 个, 鲜香菇 3 朵, 盐适量。

做法: ❶蛤蜊用盐水浸泡, 吐净泥沙后烫至张开, 取肉切碎; 虾仁切丁; 鲜香菇洗净, 切丁; 鸡蛋打散。❷在蛋液中加少量盐, 将蛤蜊碎、虾丁、香菇丁放入蛋液中拌匀, 隔水蒸 15 分钟即可。

营养功效: 有助于提高宝宝记忆力。

128 清蒸鲈鱼

原料: 鲈鱼 1 条, 葱花、姜末、盐各适量。

做法: ❶鲈鱼处理干净后在鱼身两面划上刀花, 放入蒸盘中。❷在鱼身上撒上葱花、姜末、盐, 水开后上锅蒸 8 分钟左右即可。

营养功效: 鲈鱼富含蛋白质、维生素、钙等营养物质, 可促进智力发育, 提高免疫力。

跟着视频做辅食

跟着视频做辅食

129 五彩肉蔬饭

原料: 大米、鸡胸肉各 30 克, 胡萝卜 1 根, 鲜蘑菇 20 克, 豌豆 10 克。

做法: ❶鸡胸肉切小丁; 胡萝卜去皮, 切粒; 鲜蘑菇切碎; 大米、豌豆洗净。❷鸡胸肉丁、胡萝卜粒、鲜蘑菇碎放到锅里, 放入大米、豌豆, 用电饭煲蒸熟即可。

营养功效: 可以为宝宝补充碳水化合物及多种维生素, 增强体质。

130 什锦烩饭

原料：米饭 1 碗，鲜香菇、虾仁、玉米粒、胡萝卜、豌豆、盐、姜末、生抽各适量。

做法：❶胡萝卜、鲜香菇、虾仁分别洗净，切成丁；玉米粒、豌豆洗净。❷锅中倒油，下姜末爆香，放香菇丁、虾仁、玉米粒、胡萝卜丁、豌豆翻炒，加少量水，倒入米饭、盐和生抽，翻炒均匀即可。

营养功效：此饭可提高宝宝身体免疫力。

跟着视频做辅食

肉丸中的蔬菜可以随宝宝爱好添加。

跟着视频做辅食

131 丸子面

原料：宝宝面条 50 克，肉末 50 克，黄瓜 1 根，黑木耳 3 朵，葱花适量。

做法：❶黄瓜洗净切片。❷肉末分 3 次加水搅拌均匀，再挤成肉丸。❸将面条煮熟，捞出放在碗中备用。❹将肉丸、黑木耳、黄瓜片一起放入沸水中煮熟，捞出放入面碗中，撒上葱花即可。

营养功效：丸子面富含碳水化合物、蛋白质。

132 炒挂面

原料：挂面 20 克，大虾 2 个，胡萝卜 1/2 根，青菜适量。

做法：❶大虾取虾仁剁碎；胡萝卜、青菜切碎末；挂面煮熟软。❷将虾仁碎、胡萝卜碎、青菜碎加少量油炒熟。❸放入挂面拌炒一下。

营养功效：为宝宝补充丰富的维生素、碳水化合物。

跟着视频做辅食

133 芋头丸子汤

芋头丸子汤富含蛋白质、钙、磷、铁、胡萝卜素等营养物质，还含有丰富的低聚糖，低聚糖能增强宝宝身体的免疫力。另外，芋头含硒量也较高，可以让宝宝的眼睛更明亮！

准备时间： 10 分钟

烹饪时间： 20 分钟

原料：

芋头 50 克，牛肉 50 克。

营养素：

蛋白质

硒

低聚糖

碳水化合物

膳食纤维

宝宝要适量吃芋头，以免食用过多造成消化不良。

跟着视频做辅食

1 芋头削去皮，洗净，切成丁。

2 将牛肉洗净，切成碎末。

3 切好的肉末加一点点水沿着一个方向搅上劲，做成丸子。

4 锅内加水，煮沸后，下入牛肉丸子和芋头丁，煮沸后再小火煮熟即可。

宜选用个头较大的芋头，若芋头大小相同，分量越轻含淀粉越多，口感越好。

做法都一样

宝宝吃的辅食要灵活多变，可以根据宝宝的身体状况进行选择，这样才能保证宝宝摄取的营养更全面、更均衡。

冬瓜： 冬瓜中钠含量较低，有利尿清热、化痰解渴的功效，适合上火、感染风寒的宝宝食用。

鳕鱼： 富含 DHA、DPA（二十二碳五稀酸）、维生素 A、维生素 D 等营养素，有利于宝宝大脑、骨骼发育。

虾肉： 虾中蛋白质含量丰富，脂肪含量低，可以做成虾丸给超重的宝宝食用。

尽量选择较瘦的牛肉给宝宝吃。

跟着视频做辅食

134 牛肉土豆饼

原料: 牛肉50克,鸡蛋、土豆各1个,姜末、盐、面粉、料酒各适量。

做法: ❶土豆蒸熟去皮,捣成泥糊;鸡蛋打散;牛肉切末。❷牛肉提前用姜末、料酒腌制半小时,放入土豆泥中混合。❸将牛肉土豆泥做成圆饼,裹面粉,再裹蛋液,放入油锅,双面煎熟即可。

营养功效: 为宝宝补充热量,增强体力。

135 法式薄饼

原料: 面粉50克,鸡蛋1个,时令蔬果、核桃粉、芝麻粉、葱末各适量。

做法: ❶在面粉中加入鸡蛋、葱末、核桃粉、芝麻粉,用水调成稀糊状。❷在平底锅中擦些油,摊成又软又薄的饼。❸晾温后装盘,点缀上时令蔬果即可。

营养功效: 促进宝宝大脑组织细胞代谢。

跟着视频做辅食

跟着视频做辅食

136 五宝蔬菜

原料: 土豆半个,胡萝卜1根,芋头3个,蘑菇3朵,黑木耳3朵,盐适量。

做法: ❶将土豆、芋头洗净削皮,切成片;蘑菇、胡萝卜洗净,切片。❷锅内加油烧热,先炒胡萝卜片,再放入蘑菇片、土豆片、芋头片、黑木耳翻炒,炒熟后加适量盐调味即可。

营养功效: 可促进宝宝的身体和大脑协同发育。

137 滑子菇炖肉丸

原料： 滑子菇 100 克，肉馅 100 克，面粉 20 克，胡萝卜 10 克，盐、高汤各适量。

做法： ❶滑子菇洗净；胡萝卜洗净，切片；肉馅加盐、面粉顺时针搅拌均匀，做成肉丸子。❷锅中加入高汤，烧沸后下肉丸，小火煮开，再放入滑子菇、胡萝卜片，调入盐煮熟即可。

营养功效： 滑子菇炖肉丸营养丰富，对提高宝宝的精力和脑力大有益处。

宝宝辅食中要少加盐。

跟着视频做辅食

鸡肉也可以和莲藕一起炖汤，更易于宝宝吸收。

138 鸡肉炒藕丝

原料： 鸡肉 100 克，莲藕 200 克，红甜椒、黄甜椒各半个，盐适量。

做法： ❶将鸡肉、红甜椒、黄甜椒洗净切成丝；莲藕去皮，洗净，竖向切成丝。❷油锅烧热，放入红甜椒丝和黄甜椒丝，炒到有香味时，放入鸡肉丝。❸炒到收干时加藕丝，炒透后加少许盐调味即可。

营养功效： 补血补铁，防止宝宝缺铁性贫血。

139 三文鱼芋头三明治

原料： 三文鱼 50 克，西红柿半个，芋头 2 个，吐司面包 1 片。

做法： ❶三文鱼洗净，上锅蒸熟后捣碎备用；西红柿洗净切片。❷芋头蒸熟，去皮后捣成泥，加入三文鱼泥，拌匀。❸吐司面包对角切，将三文鱼芋泥涂抹在吐司面包上，加西红柿片，盖上另一半吐司面包即可。

营养功效： 三文鱼有益于增强宝宝的脑功能。

跟着视频做辅食

1.5~2 岁：辅食地位提高啦

1.5~2岁宝宝每周辅食添加计划

	时间	内容
上午	8:00	母乳或配方奶 100~150 毫升，酸奶布丁 1 个
	10:00	酸奶 50 毫升，鸡肉蛋卷 1 个
	12:00	核桃粥 1 碗，洋葱炒鱿鱼 100 克，什锦水果沙拉 80 克
下午	15:00	水果 100 克
	18:00	南瓜饼 1 个，西蓝花鹌鹑蛋汤 1 碗
晚上	21:00	母乳或配方奶 200 毫升

母乳 25%　　　　　　　辅食 75%

1.5~2岁宝宝喂养重点

宝宝菜单要丰富

妈妈应该给宝宝吃各种食物，并且讲究烹饪方法，1.5~2岁的宝宝已经能吃一些硬质的食物了，制作方法可以尝试炒或煎。还要注重食物的搭配，不仅要味道好，还要讲究颜色搭配。不"偏爱"某种食物的妈妈，才能培养出不偏食、不挑食的宝宝，宝宝就会避免缺钙、缺铁等营养不良的现象。

这个阶段的宝宝已陆续长出十几颗牙齿，饮食以混合食物为主，米、面、杂粮等谷类的充分摄入可以保证宝宝每天运动所需的热能。

此外，宝宝还处于生长发育的关键期，蛋白质、钙、铁、锌、碘等营养素的供给也是不可少的。除此之外，还要保证宝宝每天吃适量的水果、蔬菜。

每周给宝宝吃两三次粗粮，有助于宝宝健康发育。

适当吃粗粮

很多父母虽然知道粗粮营养丰富，但错误地认为幼小的宝宝只能吃精细的食物。粗粮比细粮含有较多的赖氨酸和蛋氨酸，这两种氨基酸是人体自身不能合成的，宝宝生长发育却很需要它们。因此从这个阶段起，妈妈可以适当给宝宝吃些粗粮。宝宝经常吃粗纤维食物，可以促进咀嚼肌的发育，有利于牙齿和下颌的发育，能促进胃肠蠕动，增强胃肠消化功能，预防便秘，还具有预防龋齿的作用。主食可以粗细混用、粗粮细做，这样更容易被宝宝接受。

让宝宝愉快地就餐

这个时期的宝宝独立意识增强，喜欢自己吃东西，但是往往会将碗打翻、将筷子弄到地上，妈妈不要因此而训斥他或限制他在饭桌上的自由。因为当宝宝的某种要求得不到满足，他就会对吃饭这件事产生不满，会以哭闹、发脾气等方式表达自己的情绪，甚至出现不爱吃饭、拒绝进食的情况。

而且宝宝在进餐时生气、发脾气，容易造成宝宝的食欲低下，消化功能紊乱。另外，宝宝会因哭闹和发怒错过就餐时与父母交流的乐趣，这样既没能够满足宝宝的心理要求，也达不到提供营养的目的。因此，父母要创造一个良好的就餐环境，让宝宝愉快地就餐，才能提高人体对各种营养物质的利用率。

辅食添加常见问题

? 怎样培养宝宝好的饮食习惯

除了丰富宝宝的菜谱，以防宝宝挑食外，还有以下几点需要注意：

❶按时吃饭：一日三餐按时吃，能够帮助宝宝形成固定的饮食规律。

❷饭前先提醒：饭前受到提醒的话，宝宝心理上会有准备，有助于愉快进餐。反之则会产生抵触情绪。

❸引导宝宝平衡饮食、不偏食：宝宝偏食多可能源自某些家长自身偏食的影响，或者因连续吃某种食物而形成的厌恶情绪等，家长应注意引导宝宝平衡饮食。

❹营造一个轻松愉快的用餐环境：宝宝吃饭较慢时，不催促，更不斥责宝宝，多表扬和鼓励宝宝，让宝宝体会用餐的快乐。

? 宝宝快2岁了，能吃零食吗

当宝宝的日常饮食变为一日三餐后，我们就可以规律性地给他吃零食了。

❶可经常食用的零食：水果、坚果、酸奶等，这些零食既可以为宝宝提供一定的能量、膳食纤维、钙、铁、锌等人体必需的营养素，又可避免宝宝摄入过量的油、糖和盐，有益于健康。

❷可适当食用的零食：蔬果干、奶片等，这些零食营养素含量相对丰富，但却是含有或添加了中等量油、糖、盐等，可适当食用但不宜多吃。

❸限量食用的零食：油炸食品、罐头等，这些零食含有或添加了较多油、糖、盐，提供热量较多，但含其他营养素较少。经常食用这些零食会增加肥胖以及患其他慢性病的风险。

? 宝宝能吃巧克力了吗

巧克力香甜可口，宝宝非常喜欢吃。但巧克力热量较高，蛋白质含量较少，含糖量较多，不符合宝宝生长发育的需要。而且，宝宝吃太多巧克力往往会导致食欲下降，影响生长发育。所以妈妈不要让宝宝长期、过量吃巧克力。

? 宝宝快 2 岁了，牙齿还没长全，需要补钙吗

一般来说，只要宝宝的 20 颗乳牙在 3 岁前长出来，就没有什么问题。如果宝宝满 3 岁了，牙齿还没有长全，原因可能是牙齿发育晚，并不一定是缺钙。应该找医生查找原因，并决定是否采取治疗措施。

? 如何教宝宝使用筷子

宝宝开始学习用筷子吃饭时，小手动作可能不太协调，操作起来较困难，父母可以先让宝宝做练习。

方法是：给宝宝准备一双小巧的筷子、两个玩具小碗作为餐具，让宝宝用手练习握筷子。用拇指、食指操纵第一根筷子，用拇指、中指和无名指固定第二根筷子，同时父母也拿一双筷子在旁边做示范。

辅食来啦

喂食前应留意鱼肉中是否有鱼刺残留。

跟着视频做辅食

140 鳕鱼香菇菜粥

原料： 鳕鱼 100 克，鲜香菇 3 朵，菠菜 30 克，大米 50 克。

做法： ❶将鲜香菇和菠菜洗净，切碎；大米洗净。❷鳕鱼蒸熟，碾成泥。❸大米熬粥，加香菇碎煮 10 分钟，加入鳕鱼泥和菠菜碎煮沸。

营养功效： 此粥可补充 DHA，促进宝宝大脑发育。

141 枸杞鸡爪汤

原料： 鸡爪 4 只，枸杞 10 克，胡萝卜半根。

做法： ❶将鸡爪洗净；胡萝卜洗净，切片；枸杞洗净；鸡爪、胡萝卜片焯一下。❷将鸡爪、胡萝卜片、枸杞倒入热水锅内，大火炖。❸适时搅拌，防止粘锅，至鸡爪炖熟即可。

营养功效： 此汤具有提高免疫力的作用。

跟着视频做辅食

跟着视频做辅食

142 山药胡萝卜排骨汤

原料： 排骨 100 克，山药 50 克，胡萝卜半根，枸杞、盐各适量。

做法： ❶将排骨洗净，汆水；山药去皮，洗净，切块；胡萝卜洗净，切块。❷将排骨、山药块、胡萝卜块放入锅中，加适量水，大火煮开后转小火，煮至胡萝卜块和山药块软烂。❸放入枸杞和盐，煮至排骨熟透即可。

营养功效： 排骨可促进宝宝骨骼发育。

143 青菜胡萝卜鱼丸汤

原料： 青菜 2 棵，鱼肉 50 克，海带 20 克，胡萝卜半根，土豆半个。

做法： ❶鱼肉剔鱼刺，剁泥，制成鱼丸。❷青菜择洗干净，开水焯一下，剁碎；胡萝卜洗净，切成丁；海带洗净，切成丝；土豆去皮洗净，切成丁。❸锅内加水，放入海带丝、胡萝卜丁、土豆丁煮软，再放入青菜碎、鱼丸煮熟即可。

营养功效： 此汤有增强免疫力的功效。

跟着视频做辅食

宝宝吃鹌鹑蛋时，应细嚼慢咽以免被噎到。

跟着视频做辅食

144 菜花鹌鹑蛋汤

原料： 菜花、鹌鹑蛋各 50 克，鲜香菇 3 个，圣女果 3 个。

做法： ❶菜花切小朵洗净；鹌鹑蛋煮熟剥皮；鲜香菇洗净，切小丁；圣女果洗净，切碎。❷香菇丁放入锅中，先大火煮沸，转小火继续煮。❸把鹌鹑蛋、菜花放入锅中，煮熟软，再放入圣女果碎再稍煮片刻即可。

营养功效： 鹌鹑蛋可强身健脑、补益气血。

145 三色肝末

原料： 鸡肝 25 克，胡萝卜半根，西红柿半个，洋葱半个，菠菜 1 棵，高汤适量。

做法： ❶鸡肝洗净汆水后切碎；胡萝卜、洋葱洗净切丁；西红柿去皮，切碎；菠菜择洗净后切碎。❷鸡肝末、胡萝卜丁、洋葱丁放入高汤锅煮熟，加切碎的西红柿碎、菠菜碎稍煮。

营养功效： 此菜富含铁，适合贫血的宝宝食用。

跟着视频做辅食

146 木耳炒鸡蛋

木耳炒鸡蛋做法简单、容易上手，而且营养价值颇丰，可改善宝宝营养不良，增进食欲。木耳含有大量的膳食纤维和蛋白质、铁、钙、磷、胡萝卜素、维生素等营养物质，是宝宝健脑益智的好食材。

准备时间： 10 分钟

烹饪时间： 20 分钟

原料：

木耳 30 克，西红柿 1 个，

鸡蛋 1 个，蒜薹 10 克，

盐适量。

营养素：

蛋白质

脂肪

胡萝卜素

维生素

木耳中的胶质可将消化道的毒素吸附并排出体外。

跟着视频做辅食

1 西红柿切块；木耳泡发，切丝；蒜薹切段；鸡蛋打散，加盐搅匀。

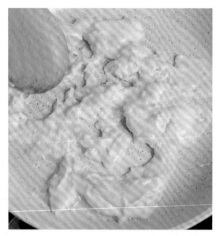

2 油锅烧热，倒入鸡蛋液炒成块，盛出。

3 油锅烧热，加入蒜薹丁炒匀，再加入木耳丝。

4 翻炒至食材熟时，加入西红柿块和鸡蛋块，再加适量盐调味即可。

木耳有滑肠作用，容易腹泻的宝宝应慎食。

做法都一样

　　木耳炒鸡蛋中的配菜可以随意更换，妈妈可以换一些软烂的或是加入少量宝宝不喜欢的食材，能够让宝宝更易接受。

丝瓜： 丝瓜软嫩，且有一定抗病毒、抗过敏的功效，适合易过敏的宝宝食用。

青椒： 青椒特有的味道能够刺激唾液分泌，增进食欲，帮助消化。

芹菜叶： 芹菜叶的气味较重，将芹菜叶切碎，在炒鸡蛋时放入一些，更容易被宝宝接受。

宝宝喝完酸奶后应及时漱口。

147 酸奶布丁

原料： 牛奶 100 毫升，酸奶 50 毫升，苹果丁 30 克，草莓丁 30 克，火龙果丁 30 克，橙子丁 30 克，猕猴桃丁 30 克，明胶粉、白糖各适量。

做法： ❶牛奶加适量明胶粉、白糖，煮沸，晾凉后加入酸奶，倒入容器中混匀。❷加入各色水果丁后冷藏，以促进凝固，晾至常温后即可食用。

营养功效： 富含蛋白质、钙，有助于宝宝补钙。

148 核桃粥

原料： 大米 50 克，花生 20 克，核桃 2 个，红枣 2 颗。

做法： ❶核桃取仁与花生一同放入温水中浸泡 30 分钟。❷大米淘洗干净后下锅，放入核桃仁、红枣、花生，大火煮沸后转小火，熬至软烂即可。

营养功效： 此粥可促进宝宝大脑发育。

跟着视频做辅食

跟着视频做辅食

149 扁豆薏米山药粥

原料： 扁豆 30 克，绿豆 30 克，薏米 30 克，山药 30 克。

做法： ❶扁豆洗净，切碎；薏米、绿豆洗净，与扁豆碎一同浸泡 30 分钟；山药洗净、削皮，切成片或小块，放入锅中。❷再将扁豆碎、绿豆、薏米入锅，煮成稀粥即可。

营养功效： 此粥有促进新陈代谢和减少胃肠负担的作用。

150 白菜肉末面

原料: 荞麦面条 50 克, 猪瘦肉 50 克, 白菜 20 克, 鸡蛋 1 个, 玉米粒 10 克, 盐适量。

做法: ❶猪瘦肉洗净, 剁成碎末; 白菜择洗干净, 切成碎末。❷将水倒入锅内, 待水沸腾后加入玉米粒、荞麦面条。❸当面条煮到七八分熟时, 加入肉末、白菜末再煮至熟。❹出锅前淋入打散的鸡蛋, 加盐调味即可。

营养功效: 能促进宝宝肠道排毒, 预防便秘。

跟着视频做辅食

可以在虾的第 2 节处用牙签挑出虾线。

跟着视频做辅食

151 西蓝花虾仁

原料: 西蓝花 20 克, 虾仁 30 克, 胡萝卜 1 根, 鸡蛋 1 个, 盐、淀粉、高汤各适量。

做法: ❶西蓝花洗净, 掰成小朵; 胡萝卜洗净, 去皮, 切片。❷鸡蛋打开, 取蛋清, 加入淀粉、盐搅拌均匀。❸蛋液中放入洗净的虾仁拌匀。❹油锅烧热, 放入虾仁快速煸炒, 再放入西蓝花、胡萝卜片煸炒, 加入适量高汤, 煮沸即可。

营养功效: 虾富含磷、钾, 能使宝宝精力集中。

152 洋葱炒鱿鱼

原料: 鲜鱿鱼 1 条, 洋葱 100 克, 青椒、红甜椒、黄甜椒、盐各适量。

做法: ❶鲜鱿鱼处理干净, 切粗条, 放入开水中焯烫, 捞出; 洋葱、青椒、红黄甜椒洗净, 切段。❷油锅烧热, 放入洋葱段、青椒段、红黄甜椒段翻炒, 然后放入鲜鱿鱼条, 加盐炒匀。

营养功效: 可健脾开胃, 促进宝宝的生长发育。

鱿鱼内侧有一层不好消化的筋膜, 宝宝吃前应先去掉。

沙拉酱中脂肪含量较高，不适合宝宝食用。

153 什锦水果沙拉

原料： 苹果半个，梨半个，橘子半个，香蕉半根，黄瓜半根，酸奶1杯。

做法： ❶将香蕉去皮，切片；橘子剥开，分瓣；苹果、梨洗净，去皮、去核，切片；黄瓜洗净，切片。❷在盘里依次放入黄瓜片、香蕉片、橘子瓣、苹果片、梨片，再倒入酸奶拌匀即可。

营养功效： 水果包含丰富的维生素、矿物质，以及促进消化的膳食纤维。

154 南瓜饼

原料： 糯米粉200克，南瓜100克，红豆沙40克，白糖、葵花子各适量。

做法： ❶南瓜去皮、去子、切块，隔水蒸10分钟，用榨汁机打成泥，加糯米粉、白糖和成面团，分小份，做饼胚。❷红豆沙搓成球包入饼坯，擀成饼，点缀葵花子蒸10分钟即可。

营养功效： 南瓜饼富含胡萝卜素，可保护视力。

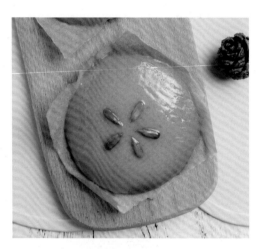

跟着视频做辅食

跟着视频做辅食

155 荞麦土豆饼

原料： 荞麦粉30克，面粉30克，西蓝花20克，土豆20克，配方奶50毫升。

做法： ❶土豆去皮切丝。❷西蓝花焯烫1分钟，捞出切碎。❸将所有食材放在一起搅拌，使其成为较为黏稠的面糊。❹将搅拌好的面糊倒入不粘锅中，煎成小饼。

营养功效： 富含碳水化合物，可以很好地为宝宝补充体力。

156 莲子玉米发糕

原料: 玉米粉 200 克, 莲子 20 克, 酵母 10 克, 小苏打粉适量。

做法: ❶将玉米粉放入盆内, 加入用温水调匀的酵母水拌匀, 静置发酵; 莲子洗净, 泡软。❷待面发酵好后, 放入小苏打粉揉匀, 稍饧一会儿, 点缀上莲子。❸将面坯放入蒸锅内, 用大火蒸约 30 分钟。❹将蒸好的发糕晾凉切块即可。

营养功效: 玉米中含有的膳食纤维可促进胃肠蠕动, 防止宝宝便秘。

还可以将玉米粉换成黑米粉、荞麦粉, 给宝宝换换口味。

鸡蛋饼摊薄一些, 宝宝更好消化。

157 鸡肉蛋卷

原料: 面粉30克,高粱粉30克,鸡肉50克,鸡蛋 2 个, 盐适量。

做法: ❶鸡肉洗净, 剁碎, 加盐搅拌均匀。❷鸡蛋打散, 加适量面粉、高粱粉、水搅成面糊。❸油锅烧热, 然后倒入面糊, 用小火摊成薄饼。❹将薄饼放在盘子里, 加入鸡肉碎, 卷成长条, 上锅蒸熟即可。

营养功效: 可促进宝宝大脑神经系统发育。

158 麻酱花卷

芝麻酱中钙的含量较高，经常食用，对宝宝的骨骼、牙齿发育大有益处。

准备时间： 30 分钟

烹饪时间： 20 分钟

原料：

面粉 80 克，芝麻酱 20 克，酵母适量。

营养素：

碳水化合物

胡萝卜素

烟酸

钙

镁

跟着视频做辅食

1 酵母用温水调匀，加到面粉中揉成面团，放温暖处发酵。

2 芝麻酱边加水边搅拌，再加入盐调匀，将发好的面团擀成长圆形面片，抹匀芝麻酱。

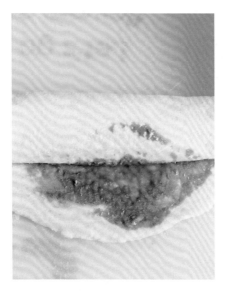

3 将抹好芝麻酱的面片卷成卷，用刀切成薄片，然后每 5 个薄片为一组一起拧成花卷。

4 将花卷码入屉内，大火蒸 15 分钟，蒸好后关火，5 分钟后再打开锅盖即可。

芝麻酱对促进宝宝骨髓和牙齿的发育大有益处。

做法都一样

在给宝宝做面食时，妈妈可以时常给宝宝做一些新花样，如用蔬菜汁给面食增添味道和色彩，或做成可爱的造型，让宝宝更有食欲。

红薯花卷：原材料中加入红薯泥，能补充膳食纤维，促进宝宝胃肠蠕动，预防便秘。

紫薯花卷：紫薯蒸熟后碾成泥，与面粉混合做成花卷，可为宝宝补充丰富的花青素。

牛奶花卷：花卷中加入牛奶可以补钙，同时，将花卷做成可爱的蝴蝶造型，更吸引宝宝。

2~3 岁：营养均衡最重要

2~3 岁宝宝每周辅食添加计划

上午	8:00	百宝豆腐羹 100 克，煮鸡蛋 1 个，肉松 10 克，拌黄瓜丁 1 小盘
	10:00	牛奶或酸奶 100 毫升，饼干 3 块
	12:00	葵花子芝麻球 3~4 个，紫菜虾皮南瓜汤 1 碗
下午	15:00	水果蛋糕 1 块，水果 50 克
	18:00	大米红豆饭 60 克，百合炒牛肉 100~120 克
晚上	21:00	牛奶 250 毫升，饼干 2 块

母乳 10%	辅食 90%

2~3 岁宝宝喂养重点

每天补充奶制品

奶类食品含有优质蛋白质、脂肪以及钙、磷、铁等宝宝生长发育所需要的营养素，而且配比科学合理。所以，这个阶段的宝宝每天还是应该补充一些奶制品。如果有条件，建议为宝宝选择适龄的配方奶。

少吃甜食，预防肥胖

宝宝肥胖最常见的原因是甜食吃得太多。身体将多余的糖分自动转化为脂肪，就表现为发胖。而且，饭前吃糖过多会影响食欲，还会消耗体内的 B 族维生素；巧克力会增强大脑的兴奋度，宝宝食用后易出现多动、哭闹等现象。

对于爱吃甜食的宝宝，要督促他多喝水，养成在家多喝白开水，外出时携带水杯的习惯。给宝宝做的食物也要少放白糖、冰糖、红糖，可用带有自然甜味的食物代替，如玉米、南瓜、荸荠、雪梨等。

每日为宝宝准备丰盛的早餐

不吃早餐，会使宝宝无法集中精力，导致学习能力下降。宝宝从早晨睁开眼睛起，大脑细胞就开始活跃起来。脑力活动需要大量能量，如果不吃早餐，能量就不足，大脑就无法正常运转。吃早餐不仅能补充能量，而且通过咀嚼食物可对大脑产生良性刺激。吃早餐的宝宝，在注意力和创造力方面比不吃早餐的宝宝更出色，所以，妈妈每日应为宝宝准备丰盛的早餐。

烹制宝宝餐注意保证营养

蔬菜富含维生素，越新鲜的蔬菜维生素含量越高，因此，烹制宝宝餐应选用新鲜蔬菜。制作中，蔬菜应先洗后切，炒菜时应急火快炒，3~5 分钟完成，并且现炒现吃。煮菜时应水开后再放菜，加盖焖煮，以防维生素流失。做馅时挤出的菜水含丰富的营养，可以用来做汤。

淘米时间不宜过长，避免用力搓洗或用热水淘米；在做米饭时以焖、蒸为宜，做捞饭容易导致维生素大量流失。熬粥时不宜加碱，这样才能保留大米中的营养成分，防止维生素被破坏。

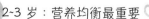

辅食添加常见问题

？ 宝宝便秘怎么办

便秘与肠道功能状况和膳食纤维的摄入有关。在饮食方面，爸爸妈妈要注意让宝宝摄入足量的膳食纤维。笋、红薯、芹菜、香蕉、苹果等新鲜蔬菜瓜果的膳食纤维含量非常高，宝宝可适量进食。如果服用钙剂后宝宝出现便秘，说明钙质吸收不良，从而导致了"钙皂"的形成，钙皂是导致便秘的主要原因。此时，爸爸妈妈需要注意调节宝宝的饮食，通常饮食结构合理是不需要为宝宝额外补充钙剂的。

？ 宝宝吃撑了怎么办

宝宝遇到自己喜欢的食物，难免多吃一点。如果和宝宝平时的摄入量接近，就没什么问题；如果差异较大，就要小心。如果宝宝吃撑了，但没有哭闹、呕吐、腹泻等，要适当减少下一次辅食的量，并延后下一次辅食添加的时间，给宝宝足够的时间来消化。如果宝宝有哭闹、呕吐、腹泻等反应，要及时就医。妈妈不仅要安抚宝宝的情绪，还要注意自己的情绪不要影响到宝宝。

? 宝宝一吃东西就打饱嗝是什么原因

宝宝偶尔打嗝是吃多了，消化不了。这时候可以让宝宝先饿一顿，等他饿了再添加辅食，并以味道清淡、容易消化为原则。还有一个小方法，家长可以将双手手心搓热，顺时针给宝宝揉揉肚子，促进消化。如果连续几天，宝宝一吃东西就打饱嗝，舌苔比较厚，面颊发红，大便干且味道臭，这属于积食症状，应该直接就医，寻求医生的指导及帮助。

? 宝宝怎么吃才能营养均衡

很多家长认为，宝宝每天要吃十几种食物才好。其实，营养均衡的饮食来源于多样的食物，但十几种食物不代表十几道菜。给宝宝添加辅食前，家长要先了解各种营养的主要来源，在此基础上为宝宝制作营养丰富的食物。

? 宝宝口臭是消化不良吗

在辅食添加后期，宝宝吃的食物过多、过杂，对肠胃造成了一定影响。宝宝早晨起来后，口腔里会有异味。此时家长要注意宝宝的大便是否有食物的残渣。如果有，那么宝宝可能是消化不良。在饮食上，家长多给宝宝准备面条、粥、馒头、花卷等食物，既好消化又养胃；宝宝吃完甜食、牛奶需要漱口，以免口腔细菌滋生，出现异味；睡觉前别给宝宝吃东西，如果吃了，要记得让宝宝刷牙。

? 餐桌上宝宝总是说个不停要禁止吗

在大多数家庭中，吃饭时爱说话的宝宝常常被"禁止"或"训斥"。但从宝宝的角度来看，吃饭时爸爸妈妈都在身边，桌上又有他喜欢吃的东西，宝宝容易兴奋，一兴奋就自然而然地想说话。如果在宝宝谈性正浓的时候，爸爸妈妈厉声训斥"不要说话"，这样会对宝宝的性格产生负面影响，压抑他的表达欲望。

辅食来啦

虾肉饺口感鲜香，加上玉米甜甜的味道，宝宝一定喜欢吃。

159 玉米香菇虾肉饺

原料： 饺子皮 15 个，猪肉 50 克，香菇 3 朵，虾仁 10 个，胡萝卜 1/4 根，玉米粒、盐各适量。

做法： ❶虾仁切丁；香菇泡发后切丁。❷猪肉和去皮洗净的胡萝卜一同剁碎，放香菇丁、虾丁、玉米粒搅匀，加盐制成馅。❸饺子皮包上肉馅，入沸水锅中煮熟。

营养功效： 虾富含蛋白质，玉米含膳食纤维。

160 紫菜虾皮南瓜汤

原料： 南瓜 100 克，虾皮 25 克，紫菜 20 克，鸡蛋 1 个。

做法： ❶南瓜洗净，去皮去瓤，切块；鸡蛋打散；虾皮洗净。❷清水锅内放南瓜块和虾皮，煮至南瓜块软烂。❸加紫菜略煮，鸡蛋液倒入锅中，煮熟即可。

营养功效： 可补钙，有助于骨骼快速发育。

跟着视频做辅食

用高压锅将牛肉炖得酥嫩，更适合宝宝吃。

161 胡萝卜牛肉汤

原料： 牛肉 100 克，胡萝卜半根，西红柿 1 个，洋葱末、盐各适量。

做法： ❶牛肉切块；西红柿、胡萝卜切块。❷将牛肉块、洋葱末、西红柿块放砂锅中，加热水，大火煮开，转小火煮 40 分钟。❸加胡萝卜块煮至软烂，加盐调味。

营养功效： 此汤有助于增强宝宝的免疫力。

162 双瓜酸牛奶

原料: 西瓜 50 克,哈密瓜 50 克,酸奶 30 毫升,蜂蜜适量。

做法: ❶西瓜、哈密瓜均去皮,去子,切小块,一起放入榨汁机中榨出汁液。❷将榨好的汁液与酸奶、蜂蜜搅拌均匀即可。

营养功效: 补充维生素、膳食纤维,预防便秘。

跟着视频做辅食

煮西米时,要多放些水,边煮边搅,以免粘锅。

163 牛奶草莓西米露

原料: 西米 100 克,牛奶 250 毫升,草莓 3 个,蜂蜜适量。

做法: ❶将西米放入沸水中煮到中间剩下个小白点,关火闷 10 分钟。❷将闷好的西米加入牛奶一起冷藏半小时。❸把草莓洗净切块,和牛奶西米拌匀,加入适量的蜂蜜调味即可。

营养功效: 西米能增强宝宝皮肤弹性。

164 炒红薯泥

原料: 红薯 1 个,熟核桃仁 2 个,熟花生仁 7 个,蜜枣 2 颗,熟瓜子 5 克,玫瑰汁、芝麻、蜂蜜、红糖水各适量。

做法: ❶红薯去皮,切块蒸熟,制成泥;熟核桃仁、熟花生仁、熟瓜子压碎;蜜枣去核切丁。❷油锅烧热,红薯泥倒入翻炒,加入红糖水继续翻炒。❸再将玫瑰汁、芝麻、蜂蜜、熟花生仁碎、熟核桃仁碎、熟瓜子、蜜枣丁放入,继续翻炒均匀。

营养功效: 此菜有利于宝宝大脑发育。

瓜子吃多易上火,宝宝应适量食用。

跟着视频做辅食

165 虾仁蛋炒饭

虾仁蛋炒饭含有人体所需的蛋白质、脂肪、维生素及钙、铁等营养成分，可以提供人体所需的营养、热量，容易消化吸收，而且颜色丰富，能引起宝宝的食欲。

准备时间： 10 分钟

烹饪时间： 10 分钟

原料：

米饭半碗，鸡蛋 1 个，鲜香菇 2 朵，虾仁 5 个，胡萝卜半根，葱花、盐各适量。

营养素：

膳食纤维

维生素 B_1

蛋白质

烟酸

脂肪

跟着视频做辅食

1 鸡蛋打入米饭中搅拌均匀。

2 胡萝卜切丁；鲜香菇洗净，焯熟切丁。

3 油锅置火上，油热后倒入虾仁略炒，加米饭，翻炒至米粒松散，倒入胡萝卜丁、香菇丁、葱花，翻炒均匀，加盐调味即可。

米饭与鸡蛋混合炒制后，口感更加软嫩。

做法都一样

炒饭中可以加入多种蔬菜，在选择蔬菜时，妈妈可以多选用色彩鲜艳的蔬菜，有助于提高宝宝的食欲。

黄瓜：黄瓜能帮助宝宝强健心脏和血管，促进神经系统功能发育，增强宝宝记忆力，但黄瓜性凉，别给宝宝食用太多。

豌豆：豌豆所含的赤霉素和植物凝素等物质，具有抗菌消炎、增强宝宝身体新陈代谢的功能。

西红柿：西红柿富含维生素 C，能提高宝宝的免疫力，防治感冒。

166 蛋包饭

原料： 米饭30克，鸡蛋1个，瘦牛肉末、玉米粒、豌豆各20克，面粉、洋葱、盐各适量。

做法： ❶豌豆洗净；洋葱切丁；面粉加鸡蛋、水搅匀成面糊。❷热油锅下瘦牛肉末、玉米粒、洋葱丁、豌豆、盐煸炒，放入米饭炒匀，盛出。❸油锅烧热，将蛋液摊成蛋皮。❹在蛋皮上放一层炒好的米饭，两边叠起即可。

营养功效： 蛋包饭颜色丰富，营养均衡。

跟着视频做辅食

白糖可以调节味道，但不宜多加。

167 葵花子芝麻球

原料： 熟葵花子100克，低筋面粉100克，牛奶30毫升，鸡蛋1个，白糖、白芝麻各适量。

做法： ❶熟葵花子碾碎；白糖用水化开；鸡蛋打散。❷部分蛋液加入低筋面粉中，加糖水、牛奶、熟葵花子碎，拌匀揉成面团。❸将面团揉成多个小圆球，刷一层蛋液，在白芝麻里滚一圈。❹将芝麻球放入烤箱，上下火160℃，烤制15分钟。

营养功效： 含不饱和脂肪酸，可促进宝宝发育。

168 水果蛋糕

原料： 面粉50克，鸡蛋1个，苹果、梨各1个，黄油、白糖各适量。

做法： ❶苹果和梨去皮、去核，切碎。❷鸡蛋打散，加入融化的黄油、白糖搅匀。❸将面粉加蛋液搅成面糊，加入切碎的苹果、梨。❹面糊倒进碗中，上锅隔水蒸熟即可。

营养功效： 此蛋糕含多种维生素，让宝宝气色好。

跟着视频做辅食

草酸溶于水，把菠菜在沸水中焯1分钟即可有效去除草酸。

169 百宝豆腐羹

原料： 虾仁3个，豆腐30克，香菇2朵，菠菜1棵，高汤适量。

1 将虾仁洗净剁成泥；香菇泡发后去蒂，洗净，切丁。

2 豆腐压成泥。

3 菠菜洗净，焯水后切末。

4 高汤入锅，煮开后放入所有食材，小火煮至熟即可。

跟着视频做辅食

170 肉末豆角

原料: 豆角、猪肉末各 50 克,葱末、姜丝、盐、料酒各适量。

做法: ❶将豆角切段。❷油锅烧热,放入葱末、姜丝炒香,放肉末炒散,加料酒。❸放入豆角段、盐及少许清水,炖至豆角段熟透即可。

营养功效: 此菜富含矿物质和不饱和脂肪酸,让宝宝健康又聪明。

171 葱烧小黄鱼

原料: 小黄鱼 1 条,柠檬 2 片,醋、白糖、酱油、盐、料酒、葱末、姜末、蒜末各适量。

做法: ❶小黄鱼去鳞、鳃、内脏,洗净。❷油锅烧热,放入葱末、姜末、蒜末炒香,放入小黄鱼略煎,再加入白糖、醋、酱油、盐、柠檬片、料酒及适量水。❸用小火炖 15 分钟至入味、熟烂即可。

营养功效: 小黄鱼可护肝明目,保护宝宝视力。

跟着视频做辅食

大便较干的宝宝吃羊肉易上火。

跟着视频做辅食

172 蒜薹炒羊肉

原料: 蒜薹 50 克,羊肉丝 100 克,葱段、姜片、酱油、料酒、盐各适量。

做法: ❶蒜薹择洗干净,切段;羊肉丝用料酒、酱油腌 10 分钟。❷热锅入油,爆香葱段、姜丝,放入羊肉丝,翻炒至变色。❸放入蒜薹段翻炒,加水焖 2 分钟,再加盐翻匀即可。

营养功效: 蒜薹中含有辣素,具有杀菌的作用,可以预防细菌导致的宝宝腹泻。

173 百合炒牛肉

原料：牛肉 100 克，鲜百合 50 克，生抽、蚝油、红甜椒、黄甜椒各适量。

做法：❶将牛肉切片，用生抽、蚝油抓匀，腌20 分钟；甜椒洗净切片。❷油锅置火上，烧热，倒入牛肉片快炒，加入百合、甜椒片翻炒至牛肉片全部变色，就可以起锅了。

营养功效：牛肉有利于神经系统和骨骼的发育。

跟着视频做辅食

韭菜的粗纤维较多，给宝宝食用时要切碎。

跟着视频做辅食

174 韭菜炒鸭蛋

原料：韭菜 50 克，鸭蛋 1 个，盐、料酒各适量。

做法：❶韭菜洗净切末；将鸭蛋打散，淋少许料酒，搅匀，拌入韭菜末，加盐调味。❷油锅烧热，韭菜鸭蛋液倒入锅中，炒熟至呈金黄色即可装盘。

营养功效：韭菜中含有丰富的膳食纤维，能促进排便，清除宝宝体内毒素。

175 素炒三鲜

原料：茄子 1/3 个，土豆、青椒、红甜椒各半个，姜丝、盐各适量。

做法：❶土豆去皮，切片；茄子切长条；青椒、红甜椒均切块。❷土豆片炸至金黄色；茄子条炸软，捞出控油。❸爆香姜丝，倒入青椒块、红甜椒块、土豆片和茄子条爆炒，加盐调味。

营养功效：此菜含维生素 C，可预防宝宝感冒。

给宝宝做茄子时放油要比平时炒茄子时少。

176 大米红豆饭

大米红豆饭富含蛋白质、脂肪、B 族维生素、钾、铁、磷等营养成分，可以供给热量，红豆有较多的膳食纤维，可以防止宝宝便秘。

准备时间：3 小时

烹饪时间：30 分钟

原料：

大米 50 克，红豆 50 克，

黑芝麻、白芝麻各适量。

营养素：

膳食纤维

B 族维生素

用小火炒芝麻以免炒糊。

1 红豆洗净，在水中浸泡 2~3 个小时；黑芝麻、白芝麻炒熟。

2 将红豆捞出，放入锅中，加入适量水煮开，转小火煮至熟。

跟着视频做辅食

3 将大米淘洗干净与煮熟的红豆一起放入电饭锅，加水煮饭。

4 饭煮好后拌入炒熟的黑芝麻、白芝麻即可。

红豆提前用水浸泡
可缩短煮制时间。

做法都一样

豆类中膳食纤维、赖氨酸、B 族维生素含量都较丰富，与谷类食物一同煮饭，可为宝宝提供更全面、均衡的营养，让宝宝长得更壮。

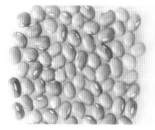

绿豆： 绿豆适合夏天给宝宝食用，补充蛋白质、矿物质的同时能提升食欲，消暑解热。

黑豆： 黑豆的蛋白质、氨基酸含量较高，可增强体力、强壮身体，让宝宝长得壮。

黄豆： 将黄豆加入米饭中，可补充亚油酸，促进宝宝的神经系统发育。

辅食这样吃，
宝宝不生病

补锌

芝麻油性较大，宝宝吃多了易腹泻。

跟着视频做辅食

177 黑芝麻糊

原料： 黑芝麻 50 克，糯米粉 25 克。

做法： ❶黑芝麻炒出香味，晾凉后磨成粉；糯米粉放热锅中炒成金黄色。❷将炒好的黑芝麻放入搅拌机中磨成粉。 ❸将炒好的糯米粉和黑芝麻粉混合，加入开水，拌匀后晾温即可。

营养功效： 黑芝麻能够补锌，预防头发粗糙干枯。

178 胡萝卜牛肉粥

原料： 牛肉 20 克，胡萝卜半根，大米 40 克，葱花适量。

做法： ❶大米洗净后浸泡 1 小时；牛肉洗净切细末；胡萝卜洗净切细丝。❷大米下锅加水煮至水滚，用慢火煲成稀糊状。❸加入胡萝卜丝和牛肉末，煮熟，出锅后撒上葱花即可。

营养功效： 牛肉、胡萝卜同食可促进锌的吸收。

跟着视频做辅食

跟着视频做辅食

179 牛肉河粉

原料： 河粉 50 克，牛肉 30 克，香菜、盐各适量。

做法： ❶将河粉切小段；牛肉洗净，切片；香菜择洗干净，切段。❷水烧开，放入河粉段煮熟捞出。❸另起一锅，加水烧开，加入牛肉片、河粉段煮熟，加盐、香菜段调味即可。

营养功效： 牛肉中的锌较易被人体吸收，有助于促进宝宝生长发育。

补钙

排骨可提前炖煮几小时，肉质会更软烂。

180 芋头排骨汤

原料： 排骨 250 克，芋头 150 克，葱、姜、盐各适量。

做法： ❶芋头去皮洗净，切块；排骨段洗净，放入热水中烫去血沫后捞出。❷将排骨和葱、姜放入锅中，加清水煮沸，转中火煮 15 分钟。❸加入芋头和盐，小火慢煮 45 分钟即可。

营养功效： 排骨富含钙，可促进宝宝的生长发育。

181 虾皮鸡蛋羹

原料： 鸡蛋 1 个，青菜 1 棵，虾皮适量。

做法： ❶青菜洗净稍浸泡后，捞出切碎；鸡蛋打匀；虾皮用温水泡几分钟。❷蛋黄液中加入青菜碎、虾皮打匀，隔水小火蒸熟。

营养功效： 此羹可补充钙、磷及维生素 D，促进宝宝对钙的吸收。

跟着视频做辅食

跟着视频做辅食

182 牛奶鳕鱼

原料： 鳕鱼 50 克，牛奶 50 毫升，面粉、淡奶油、盐各适量。

做法： ❶鳕鱼洗净，切小块。❷炒锅内放入淡奶油，煮沸后加入面粉、牛奶和盐，边搅拌边煮成牛奶酱汁。❸鳕鱼块拌入牛奶酱汁中，倒入烤杯。❹烤箱预热到 160℃，放入烤杯，烤 10 分钟即可。

营养功效： 牛奶是宝宝补钙的优选食材。

183 虾皮丝瓜汤

原料：丝瓜 1 根，虾皮 10 克，香油、盐各适量。

做法：❶丝瓜去皮，洗净，切丝。❷油锅烧热，加丝瓜片煸炒片刻，加水煮沸后加虾皮，小火煮 2 分钟，加盐，滴香油即可。

营养功效：虾皮可促进宝宝牙齿及骨骼发育。

丝瓜性寒，咳嗽痰多的宝宝不宜吃，以免症状加重。

跟着视频做辅食

184 虾肉冬蓉汤

原料：鲜虾 6 只，冬瓜 100 克，鸡蛋 1 个，姜片适量。

做法：❶鲜虾取虾肉；将冬瓜洗净，去皮去瓤，切丁；鸡蛋打散备用。❷锅中加水，放入冬瓜丁、虾肉、姜片煲至熟烂，加香油调味，淋入鸡蛋液稍煮即可。

营养功效：此汤可有效促进钙的吸收。

185 鲫鱼豆腐汤

原料：鲫鱼 1 条，豆腐 1 块，盐、葱花各适量。

做法：❶鲫鱼处理干净，鱼身两侧划几道花刀；豆腐切丁，焯水，捞出沥水。❷油锅烧热，放鲫鱼块煎至两面金黄，加入适量的水，大火烧 10 分钟。❸加豆腐丁，烧开后转小火炖 10 分钟，加入适量的盐、葱花调味即可。

营养功效：鲫鱼所含的蛋白质质优、种类齐全，易于消化吸收。豆腐营养丰富，含有铁、钙、磷、镁等人体必需的多种微量元素。

鲫鱼与豆腐搭配，清心润肺、健脾利胃。

跟着视频做辅食

补铁

烹饪菠菜前焯一下水可以去除草酸。

跟着视频做辅食

186 虾仁菠菜粥

原料: 鲜虾 3 只, 菠菜 1 棵, 大米 50 克。

做法: ❶ 菠菜洗净, 用开水焯一下, 捞出沥水, 晾凉后切段; 鲜虾去壳和虾线, 洗净; 大米洗净浸泡 1 小时。❷大米煮成粥, 粥煮熟后放入鲜虾仁、菠菜段, 再煮 3 分钟即可。

营养功效: 菠菜富含铁, 可辅助治疗贫血。

187 菠菜猪血汤

原料: 猪血 50 克, 菠菜 2 棵, 盐适量。

做法: ❶菠菜洗净, 焯水, 切段; 猪血冲洗干净, 切小块。❷把猪血块放入沸水锅内稍煮, 再放入菠菜段煮沸, 加盐调味即可。

营养功效: 猪肝、菠菜都有补血作用, 宝宝食用可以预防贫血。

跟着视频做辅食

妈妈应根据宝宝的出牙情况决定焖煮蔬菜的时间。

188 白玉金银汤

原料: 鲜香菇 1 朵, 鸡肉 20 克, 菜花 20 克, 鸡蛋 1 个, 盐适量。

做法: ❶将鲜香菇去蒂, 洗净, 切丁; 鸡肉洗净切丁; 菜花洗净并掰小朵后煮成汤; 鸡蛋打成蛋液。❷锅中加少量水煮开, 加入鸡丁、香菇丁煮熟。❸倒入菜花汤后, 淋上蛋液, 焖到鸡蛋熟后, 加盐调味即可。

营养功效: 香菇有助于宝宝补铁。

189 牛肉炒菠菜

原料: 牛里脊肉 50 克,菠菜 2 棵,干淀粉、葱末、姜末、盐各适量。

做法: ❶将牛里脊肉切薄片,用干淀粉腌制。❷煸炒葱末、姜末,放入牛肉片,大火快炒至熟,装盘备用。❸菠菜洗净,切段,入油锅中炒熟,放入牛肉片略炒,加盐调味即可。

营养功效: 牛肉富含铁,菠菜有助于补血。

用干淀粉腌过的牛肉较嫩,宝宝更容易接受。

跟着视频做辅食

跟着视频做辅食

190 芝麻肝

原料: 猪肝 50 克,鸡蛋 1 个,芝麻 20 克,面粉、盐各适量。

做法: ❶鸡蛋打散;猪肝洗净,切薄片,用盐腌好,裹上面粉,蘸蛋液和芝麻。❷油锅烧热,放入猪肝,煎透出锅即可。

营养功效: 猪肝与芝麻搭配食用补铁效果更好,可使宝宝气色红润。

191 鸡肝粥

原料: 鸡肝 25 克,大米 30 克。

做法: ❶鸡肝洗净,煮熟后切末;大米淘净,浸泡 30 分钟。❷将大米入锅,加水煮粥,熟后加入鸡肝末煮熟即可。

营养功效: 鸡肝是最常用的补铁食物,可改善贫血宝宝的贫血症状。

烹调鸡肝的时间不能太短,完全煮熟了才能给宝宝食用。

益智健脑

核桃富含脂肪，较胖的宝宝每次吃1个即可。

跟着视频做辅食

192 核桃糊

原料： 核桃仁30克，糯米50克。

做法： ❶ 糯米洗净，加水倒入料理机打碎，过滤出米浆；核桃仁洗净，加水倒入料理机打成核桃糊。❷ 将打好的核桃糊和米浆放入锅中，加适量水，大火煮开搅匀即可，也可加入核桃仁点缀。

营养功效： 核桃有健脑功效，常吃可提高智力。

193 清烧鳕鱼

原料： 鳕鱼肉80克，葱花、姜末各适量。

做法： ❶鳕鱼肉洗净、切小块，用姜末腌制。❷将鳕鱼块入油锅煎片刻，加入适量水，加盖煮熟，撒上葱花即可。

营养功效： 鳕鱼含有丰富的卵磷脂，可增强记忆、思维能力，是促进宝宝智力发育的优选食材。

常吃鳕鱼，对宝宝的视力发育也非常有益。

跟着视频做辅食

194 松仁海带

原料： 松仁20克，海带丝50克，高汤适量。

做法： ❶松仁洗净。❷锅内放入高汤、松仁、海带丝，用小火煨熟即可。

营养功效： 松仁含有丰富的磷脂、不饱和脂肪酸、多种维生素和矿物质，具有促进细胞发育、修复损伤细胞的功能，是宝宝补脑健脑的保健佳品。松仁海带还富含碘，碘是组成甲状腺素的主要成分。

开胃消食

要防止宝宝把苹果丁呛入气管。

跟着视频做辅食

195 苹果鸡肉粥

原料： 鸡肉 30 克，苹果半个，鲜香菇 2 朵，大米 40 克。

做法： ❶大米洗净；鸡肉洗净、切丁；苹果去皮、去核，切丁；鲜香菇洗净去蒂，切小丁。❷大米加适量水熬成粥，加其他食材用小火煮熟即可。

营养功效： 苹果的香甜味道能够增强食欲。

196 口蘑西红柿汤

原料： 口蘑 3 朵，西红柿 1 个，高汤、盐、香菜各适量。

做法： ❶准备 1 盆清水，将口蘑浸泡 10 分钟，把泥沙冲洗掉，然后将口蘑底部的蒂去掉，重点清洗底部。❷口蘑洗净后焯水，切片；西红柿洗净，切片。❸锅内放入高汤，烧开后放口蘑片和西红柿片同煮，然后加盐、香菜调味即可。

营养功效： 西红柿可健胃消食，亦可开胃。

口蘑含有大量膳食纤维，还可帮助宝宝预防便秘。

跟着视频做辅食

197 鸡内金粥

原料： 鸡内金 20 克，大米 50 克。

做法： ❶大米淘洗干净，浸泡 1 小时，加水煮粥。❷待粥成后加入鸡内金，继续煮 5 分钟即可。

营养功效： 鸡内金粥消食力强，且能健运脾胃，可治饮食积滞。

明目

南瓜有甜味，在烹饪过程中可不加糖。

跟着视频做辅食

198 橙香南瓜羹

原料： 橙子1个，南瓜150克。

做法： ❶橙子洗净，剥皮，切粒；南瓜洗净去皮，切块。❷橙粒放入锅中，加适量水，大火煮沸，转中火继续熬15分钟。❸将切好的南瓜块放入锅中，转大火煮沸后继续煮至南瓜熟软即可。

营养功效： 南瓜中富含胡萝卜素，有明目功效。

199 鸡肝枸杞汤

原料： 鸡肝、菠菜、芦笋各50克，枸杞20克，高汤、料酒、盐、姜片各适量。

做法： ❶鸡肝洗净，切片，与姜片一起放开水中煮，加料酒去腥，盛出备用。❷芦笋切片；菠菜切段。❸另起一锅中放入高汤，加枸杞、鸡肝片、芦笋片同煮。❹最后放入菠菜段，熟后加盐调味即可。

营养功效： 鸡肝富含维生素A，预防夜盲症。

跟着视频做辅食

猪瘦肉出油少，做出的南瓜肉末不会太油腻。

200 南瓜肉末

原料： 南瓜50克，猪肉20克，葱花适量。

做法： ❶南瓜洗净，切丁，放碗内蒸熟；猪肉洗净，切成末。❷锅中加水烧开，放入猪肉末煮成汤汁，然后连肉末带汤淋在南瓜丁上，撒上葱花即可。

营养功效： 南瓜可明目，猪肉末可预防贫血。

增强抵抗力

给宝宝吃的鱼肉松最好自制。

跟着视频做辅食

201 鱼肉松三明治

原料： 鱼肉松 50 克，西红柿半个，土豆半个，吐司面包 2 片。

做法： ❶西红柿洗净切片；土豆蒸熟，去皮捣碎，加鱼肉松，拌匀。❷吐司面包对角切开，将鱼肉松土豆泥抹在面包上，加西红柿片，盖上面包。

营养功效： 鱼含优质的蛋白质，能增强宝宝体质。

202 鲜虾炖豆腐

原料： 鲜虾 10 只，豆腐 150 克，姜片、盐各适量。

做法： ❶鲜虾将虾线挑出，去掉虾头、虾壳，洗净；豆腐切成长块。❷锅内放水烧沸，将鲜虾和豆腐块放入烫一下。❸锅置火上，放入鲜虾、豆腐块和姜片，加水煮沸后撇去浮沫，转小火炖至虾肉熟透，拣去姜片，放入盐调味即可。

营养功效： 此菜可为宝宝补充蛋白质。

跟着视频做辅食

香菇一定要煮熟炖透，否则容易造成宝宝腹泻。

203 什锦鸡粥

原料： 鸡胸肉 50 克，鲜香菇 3 朵，大米 30 克，盐适量。

做法： ❶鸡胸肉洗净切块；鲜香菇洗净切碎；大米洗净。❷鸡胸肉块加水煮沸。❸加入大米，煮沸后加入香菇碎搅匀，煮熟即可。

营养功效： 香菇含有香菇多糖，可提高免疫力。

头发浓密

不要给宝宝吃整粒黑豆，以防宝宝消化不良。

204 黑豆黑芝麻汁

原料： 黑豆 30 克，黑芝麻 30 克。

做法： ❶黑芝麻炒熟研末；黑豆浸泡 30 分钟。❷黑豆煮熟，压成黑豆泥。❸将黑豆泥、黑芝麻末放入锅内，加水拌匀，同煮成糊，滤渣取汁。

营养功效： 黑豆黑芝麻汁中富含蛋白质、维生素、矿物质等营养成分，可让宝宝头发乌黑、浓密。

205 香煎三文鱼

原料： 三文鱼 100 克，香菜段、葱末、姜末、盐各适量。

做法： ❶三文鱼处理干净，用葱末、姜末、盐腌制。❷平底锅烧热，倒入油，将鱼两面煎熟。❸装盘时，撒上香菜段即可食用。

营养功效： 三文鱼中富含维生素 A、维生素 E 等营养成分，让宝宝的头发更加乌黑。

跟着视频做辅食

206 花生红枣汤

原料： 红枣 5 颗，花生 100 克，红豆 100 克。

做法： ❶花生、红豆洗净，浸泡；红枣洗净。❷锅中加入水、红豆、花生，用大火煮沸后，改用小火煮至半熟，再加入红枣煮至熟透即成。

营养功效： 花生红枣汤含有丰富的蛋白质、有机酸、胡萝卜素、维生素等，不但可以促进宝宝牙齿、骨骼正常生长，还有助于宝宝的头发生长，让宝宝的头发更加乌黑亮泽。

跟着视频做辅食

207 芦笋蛤蜊饭

原料：芦笋6根，蛤蜊150克，大米、姜丝、白醋、白糖、盐、香油各适量。

做法：❶芦笋切段；蛤蜊煮熟，去壳；大米淘洗干净。❷将大米放入电饭煲中，加适量清水，加姜丝、白醋、白糖、盐搅拌均匀，再把芦笋段铺在上面一起煮熟。❸将煮熟的米饭盛出，放入蛤蜊肉，加香油搅拌均匀即可。

营养功效：此饭可补锌，能促进宝宝头发生长。

消化不好的宝宝最好等年龄大一点再吃芦笋。

跟着视频做辅食

跟着视频做辅食

208 鸡肝拌菠菜

原料：菠菜3棵，鸡肝50克，虾皮、料酒、姜、醋、盐各适量。

做法：❶菠菜洗净切段；姜切片；菠菜段焯一下，沥水。❷鸡肝洗净切片，与姜片一起煮熟，可加料酒去腥味。❸将菠菜段放入碗中，放入鸡肝片、虾皮，再加适量盐、醋调味，搅拌均匀即可。

营养功效：鸡肝拌菠菜可补气血、防掉发。

209 清蒸虾

原料：虾6只，葱末、姜片、高汤、醋、酱油、香油各适量。

做法：❶虾去须去皮，除去虾线。❷虾摆在盘中，加入葱末、姜片、料酒和高汤及适量清水，上笼蒸10分钟左右，拣去葱末、姜片。❸用醋、酱油、姜末和香油兑成汁，供蘸食。

营养功效：缺乏蛋白质易导致脱发，虾可补充优质蛋白质，使头发浓密。

跟着视频做辅食

湿疹

薏米煮不烂易导致
宝宝消化不良。

跟着视频做辅食

210 薏米红豆粥

原料：红豆 20 克，薏米 50 克。

做法：❶薏米、红豆洗净，用温水浸泡 10 小时。
❷将薏米、红豆一同放入锅中，加水煮成稀粥
即可。

营养功效：薏米、红豆有利水消肿功效，可辅助
减轻湿疹症状。

211 玉米汤

原料：玉米须 5 克，玉米粒 100 克。

做法：❶将玉米须洗净；玉米粒洗净后剁碎。
❷将玉米须、玉米粒碎放入锅中，加适量的水
炖煮至熟，过滤出汁液即可。

营养功效：此汤可健脾利湿，改善湿疹症状。

跟着视频做辅食

丝瓜切开后易氧化
变色，应减少放置
的时间。

212 丝瓜粥

原料：丝瓜半根，大米 40 克。

做法：❶丝瓜洗净去皮，切成小块；大米洗净，
用水浸泡 30 分钟，备用。❷大米倒入锅中，加
水煮成粥，快熟时，加入丝瓜块继续煮，烧沸入
味即可。

营养功效：丝瓜有清热利湿、排毒的功效。

过敏

酸奶是沙拉酱
很好的替代品。

跟着视频做辅食

213 苹果沙拉

原料: 苹果 1 个，橙子 1 个，葡萄干 20 克，酸奶 1 杯。

做法: ❶苹果洗净，去皮、去核，切块；橙子去皮、去子，切块。❷加入酸奶将各种水果块拌匀，撒上洗干净的葡萄干即可。

营养功效: 苹果含有多酚，能预防过敏。

214 银耳梨粥

原料: 大米 30 克，梨 1 个，泡发银耳 20 克。

做法: ❶银耳洗净，切成小碎块；梨去皮，去核，切成小块；大米淘洗干净。❷将大米放入锅中，加水煮成粥。❸将食材一同放入锅中，加水同煮至米烂汤稠。

营养功效: 银耳富含天然特性胶质，可以润肤，多食银耳也可以改善秋燥导致的皮肤干燥、过敏、瘙痒症状。

跟着视频做辅食

跟着视频做辅食

215 红枣泥

原料: 红枣 24 颗。

做法: ❶ 将红枣洗净，放入锅内，加入适量水煮 15~20 分钟，煮至红枣烂熟。❷去掉红枣皮、核，捣成泥状，加适量水再煮片刻即可。

营养功效: 红枣中含有大量的抗敏物质和维生素 C，有过敏症状的宝宝，可经常食用。

感冒

尽量选小葱的葱白，因为小葱不会损伤宝宝胃肠道的黏膜组织。

跟着视频做辅食

216 葱白粥

原料： 大米 50 克，葱白 3 根。

做法： ❶大米淘洗干净，浸泡 1 小时；葱白洗净切段。❷将大米放入锅中，加水煮粥，将熟时放入葱白，煮熟即可。

营养功效： 葱白性温，可发汗解表，适用于风寒型感冒。

217 陈皮姜粥

原料： 陈皮、姜丝各 10 克，大米 50 克。

做法： ❶ 大米淘洗干净，浸泡 1 小时。❷锅内放入大米、陈皮、姜丝，加水大火煮开后，转小火煲熟。

营养功效： 姜、陈皮都是辛温食物，能发汗解表，理肺通气，对风寒感冒有缓解作用。

跟着视频做辅食

跟着视频做辅食

218 苦瓜粥

原料： 苦瓜半根，大米 50 克。

做法： ❶苦瓜洗净后去瓤，切丁，入沸水中焯烫一下，可降低一定苦味；大米淘洗干净，浸泡 1 小时。❷先将大米放入锅中加水煮沸，再放苦瓜丁，煮至粥稠即可。

营养功效： 苦瓜具有清热解毒的作用，适用于风热型感冒。

腹泻

荔枝有甜味，煮粥时不用再放糖。

跟着视频做辅食

219 荔枝大米粥

原料：荔枝9个，大米50克，红枣1颗。

做法：❶大米洗净，放入锅中，加水，大火烧开，改用小火熬煮。❷荔枝剥皮去核；红枣掰开去核。❸粥煮熟后，放入荔枝肉和红枣稍煮片刻，晾温后再给宝宝吃。

营养功效：荔枝可止腹泻，和大米同食效果更好。

220 焦米糊

原料：大米50克，白糖适量。

做法：❶将大米洗净后晾干，入干锅炒至焦黄，加适量白糖一同研成细末。❷在焦米粉中加入适量白糖及水，煮沸成稀糊状即可。

营养功效：炒焦了的米已部分炭化，有吸附毒素和止泻的作用，因此宝宝可以少量多次服用。切记白糖不可放太多。

跟着视频做辅食

跟着视频做辅食

221 白粥

原料：大米50克。

做法：❶大米淘洗干净，浸泡1小时。❷大米入锅，加适量水，大火烧沸后改小火熬熟即可。

营养功效：大米有止渴、止泻的功效，是腹泻宝宝理想的止泻辅食。

便秘

苹果不宜久煮，以免维生素流失。

跟着视频做辅食

222 苹果玉米蛋黄糊

原料： 玉米粒 40 克，苹果半个，鸡蛋 1 个。

做法： ❶苹果洗净，去皮和核，切丁；玉米粒洗净剁碎；鸡蛋煮熟取蛋黄碾碎。❷把玉米粒碎、苹果丁放进锅里，加水，大火煮沸，转小火煮 20 分钟，出锅后加入蛋黄碎即可。

营养功效： 苹果富含可溶性纤维，可助排泄。

223 杏仁芝麻糊

原料： 黑芝麻、大米各 50 克，甜杏仁 60 克，当归 10 克，白糖适量。

做法： ❶将黑芝麻、大米和甜杏仁磨成粉，加水搅拌成糊状，备用。❷当归用水煎后取汁，调入已磨好的芝麻糊，再加入白糖，煮熟服用，每日 1 剂，连续 5 天。

营养功效： 芝麻含油脂，有滑肠功效。

跟着视频做辅食

跟着视频做辅食

224 红薯粥

原料： 红薯半个，大米 50 克。

做法： ❶红薯洗净，去皮，切小块，上锅蒸熟备用；大米洗净后用水浸泡 1 小时。❷大米入锅加适量水，大火烧沸后改小火熬煮至熟烂，加入红薯块稍煮即可。

营养功效： 红薯富含膳食纤维，可预防便秘。

上火

西瓜可以减少胆色素的含量，还可辅助治疗黄疸。

跟着视频做辅食

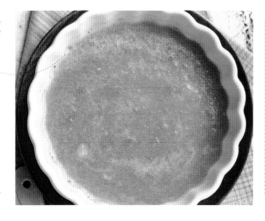

225 山竹西瓜汁

原料： 山竹 1 个，西瓜瓤 200 克。

做法： ❶将山竹去皮、去子；西瓜瓤去子、切成小块。❷将山竹、西瓜块放进榨汁机榨汁即可。

营养功效： 山竹含有丰富的蛋白质和脂类，对身体有很好的补养作用。西瓜性凉，有消暑解热的功效。

226 西瓜皮粥

原料： 西瓜皮 30 克，大米 30 克。

做法： ❶ 将西瓜皮洗净，去掉外皮，切成丁；大米淘洗干净，浸泡 30 分钟。❷大米、西瓜皮丁入锅，加适量水，大火煮开后，转小火煮成粥即可。

营养功效： 西瓜皮有利尿消肿、清热解暑的功效。西瓜皮原本性凉，煮制以后的西瓜皮粥性温，适合宝宝饮用，且能达到降火的目的。

跟着视频做辅食

跟着视频做辅食

227 萝卜梨汁

原料： 梨 1 个，萝卜半个。

做法： ❶ 萝卜洗净、去皮、切丝；梨洗净、去皮、去核、切片。❷ 萝卜丝倒入锅内烧沸，小火烧煮 10 分钟，加梨片再煮 5 分钟取汤汁饮用即可。

营养功效： 萝卜和梨同煮成汤，给上火的宝宝饮用，有良好的降火功效。

咳嗽

梨的口感粗糙，可用小勺压成泥后再给宝宝食用。

跟着视频做辅食

228 川贝炖梨

原料：鸭梨 1 个，川贝 6 粒，冰糖 5 克。

做法：❶将鸭梨洗净，去皮去核，果肉切块；川贝洗净，敲碎成末。❷将鸭梨块和冰糖、川贝末一起放入炖盅中，加水炖煮 30 分钟，直到梨软烂即可。

营养功效：此方有润肺、止咳、化痰的作用。

229 烤橘子

原料：橘子 1 个。

做法：❶将橘子直接放在小火上烤，并不断翻动，烤到橘皮发黑，并从橘子里冒出热气即可。❷待橘子稍凉一会儿，剥去橘皮，让宝宝吃温热的橘瓣。

营养功效：橘子性温，有化痰止咳的作用，适用于风寒咳嗽。

跟着视频做辅食

230 荸荠玉米须饮

原料：荸荠 10 个，玉米须 5 克。

做法：❶荸荠洗净去皮，切成薄片；玉米须洗净。❷荸荠片、玉米须放入锅中，加适量水，煮 20 分钟后关火即可。

营养功效：此饮有生津润肺、清热化痰的作用，具有治疗肺热咳嗽的作用。

231 燕窝红枣粥

原料: 大米 50 克, 燕窝 1 盏, 红枣 4 颗。

做法: ❶ 燕窝洗净, 用水浸泡 5 小时或更久, 冲洗干净,沿纹理撕成条状。❷大米淘洗干净, 浸泡 30 分钟, 入锅, 加适量水, 大火煮开后, 转小火熬煮。❸待大米煮开花后放入燕窝条、红枣, 小火煮 2 小时即可。

营养功效: 红枣燕窝粥富含活性糖蛋白、维生素等, 有化痰止咳的功效。

跟着视频做辅食

跟着视频做辅食

232 萝卜冰糖饮

原料: 白萝卜半根, 冰糖 3 克。

做法: ❶白萝卜洗净, 去皮、切块、捣烂过滤出汁液 25 毫升。❷加热后加入冰糖调匀, 给宝宝 1 次喝完, 每日一至两次。

营养功效: 白萝卜性凉, 入肺胃经, 有止咳化痰的功效; 冰糖具有润肺、止咳、清痰和去火的作用。

233 荸荠水

原料: 荸荠 3 个。

做法: ❶荸荠洗净去皮, 切成薄片。❷将荸荠片放入锅中, 加适量水, 煮 5 分钟, 过滤出汁液即可。

营养功效: 荸荠有清热化痰、治疗肺热咳嗽的作用。同时, 荸荠中含磷, 能促进宝宝生长发育并维持生理功能。

跟着视频做辅食

发热

金银花性寒，易腹泻的宝宝应少吃。

跟着视频做辅食

234 金银花米汤

原料: 大米 50 克, 干金银花 3 克。

做法: ❶将大米淘洗干净，在水里浸泡 1 小时。❷大米放入锅内，加适量水及金银花，大火煮开。❸转小火熬煮，至大米开花、米汤发稠，取米汤晾温给宝宝喂食即可。

营养功效: 适用于多种病症引起的发热。

235 西瓜皮芦根饮

原料: 芦根段 20 克, 西瓜皮 100 克, 冰糖适量。

做法: ❶芦根段洗净；西瓜皮洗净，将红色瓤去掉，然后削去外皮，切成块。❷锅中放水，水烧开后，放入芦根段和冰糖，煮好后关火，晾凉。❸西瓜皮块放入芦根水中，冷藏片刻即可食用。

营养功效: 西瓜皮、芦根都有清热功效，可起到很好的退热效果。

跟着视频做辅食

236 萝卜葱白汤

原料: 白萝卜 1 根, 葱白 1 根, 姜 15 克。

做法: ❶白萝卜洗净、去皮、切丝；葱白洗净、切丝；姜洗净，切丝。❷锅内放入 3 碗水，用大火先将白萝卜丝煮熟，再放入葱白丝、姜丝，大火煮开后转小火熬煮，煮至剩 1 碗水即可。

营养功效: 此汤可以清热生津，缓解发热情况。此汤适合 7 个月以上的宝宝。

呕吐

姜刺激性强，易上火，每次用一两片即可。

跟着视频做辅食

237 姜片饮

原料：姜2片。

做法：❶ 姜洗净，切片，用水煎10分钟。❷晾凉后即可服用，注意少量多次服用。

营养功效：姜含有姜辣素，能增强消化能力，可治疗因吃寒凉食物过多而引起的呕吐情况。

238 竹茹粥

原料：鲜竹茹30克，大米50克。

做法：❶大米淘洗干净，浸泡1小时。❷ 鲜竹茹洗净，用水煮鲜竹茹，取汁，再放入大米煮粥，少量多次服用。

营养功效：竹茹性微寒，清热化痰、除烦止呕，可以显著缓解宝宝的呕吐症状。

竹茹粥不适合长期给宝宝食用。

姜糖水能治疗因受寒引起的呕吐，其他类型的呕吐则不宜使用。

239 姜糖水

原料：姜10克，陈皮5克，红糖适量。

做法：❶姜洗净、切片；陈皮洗净，泡发。❷锅内加适量水，煮沸，放入姜片、陈皮、红糖，略煮取汁即可。

营养功效：姜是传统的治疗恶心、呕吐的中药，有"呕家圣药"之誉。

图书在版编目（CIP）数据

宝宝辅食跟我做 / 袁宝妈妈主编 . —南京 : 江苏凤凰科学技术
出版社 , 2019.03（2024.07 重印）
（汉竹·亲亲乐读系列）
ISBN 978-7-5537-8635-3

Ⅰ . ①宝… Ⅱ . ①袁… Ⅲ . ①婴幼儿－食谱 Ⅳ . ① TS972.162

中国版本图书馆 CIP 数据核字 (2017) 第 266085 号

中国健康生活图书实力品牌

宝宝辅食跟我做

主　　　编	袁宝妈妈
编　　　著	汉　竹
责 任 编 辑	刘玉锋
特 邀 编 辑	李佳昕　张　欢
责 任 校 对	杜秋宁
责 任 监 制	刘文洋

出 版 发 行	江苏凤凰科学技术出版社
出版社地址	南京市湖南路 1 号 A 楼，邮编 : 210009
出版社网址	http://www.pspress.cn
印　　　刷	合肥精艺印刷有限公司

开　　　本	720 mm × 868 mm　1/12
印　　　张	15
字　　　数	200 000
版　　　次	2019 年 3 月第 1 版
印　　　次	2024 年 7 月第 39 次印刷

标 准 书 号	ISBN 978-7-5537-8635-3
定　　　价	46.00 元

图书印装如有质量问题，可随时向我社印务部调换。